海南黎族传统村落民居的
设计与保护

张 引 著

中国建筑工业出版社

图书在版编目（CIP）数据

海南黎族传统村落民居的设计与保护 / 张引著 . —
北京：中国建筑工业出版社，2021.12
ISBN 978-7-112-26878-8

Ⅰ.①海… Ⅱ.①张… Ⅲ.①黎族—民居—建筑设计
—研究—海南 Ⅳ.① TU241.5

中国版本图书馆 CIP 数据核字（2021）第 247145 号

责任编辑：率 琦
责任校对：赵 菲

海南黎族传统村落民居的设计与保护

张 引 著

*

中国建筑工业出版社出版、发行（北京海淀三里河路9号）
各地新华书店、建筑书店经销
北京点击世代文化传媒有限公司制版
北京中科印刷有限公司印刷

*

开本：787毫米×960毫米 1/16 印张：14½ 字数：250千字
2021年12月第一版 2021年12月第一次印刷
定价：**78.00**元
ISBN 978-7-112-26878-8
（38739）

本专著为国家社科基金艺术学项目（海南黎族传统村落民居的保护性设计研究）成果，结项编号：艺规结字 [2019]76 号；海南省基础与应用基础研究计划（自然科学领域）高层次人才项目（海南自贸区（港）建设中热带建筑与地域文化的创新性融合研究）成果，项目编号：2019RC197，以及国家教育部全国普通高校中华优秀传统文化传承基地阶段性成果、海南国际设计岛创新实践基地阶段性成果和海南国际设计岛城市环境设计智库阶段性成果。

目 录

CONTENTS

第 1 章　海南黎族传统民居概述

1.1　海南黎族的缘起

1. 人类学与民族学视角下的黎族

（1）人类学视角

海南省黎族的先民是百越族的一个分支，早在新石器时代就由古越族跨海而来，距今两万年前就生存在这片土地上，亦或来源于东南亚地区，即"南洋说"。这些经过严格的科考数据推断而来的结论众说纷纭。笔者通过整合黎族历史资料，对黎族先民的人种由来进行了较为客观的分析。

①三亚落笔洞

海南省自建省以来对三亚市的落笔洞"三亚人"遗址进行了两次挖掘探索，分别是 1992 年 12 月和 1993 年 10 月。更早期大规模的具有严谨科考性的考察还在 1983 年 6 月。科考队对遗址内一切确定的人类生活痕迹进行了常规碳 14 法检测，测出其生活过的点滴痕迹距离当今的无机年龄。在多次考察和检测后，科考队得出三亚落笔洞人的活动时间距今 10790—10990 年，这是科考队继在海南岛东方、昌江等地挖掘出大量磨制石器以及根据房屋的柱础间距推算出古越族之后的又一大发现。作为我国最南端的旧石器时代遗址，落笔洞的考察资料对印证三亚人在此活动的时间有很高的研究价值。勘探报告指出，科考队在落笔洞遗址中发现了早期三亚人使用火的痕迹，在洞内部分区域发现了较厚的燃烧灰堆积层，灰层上遍布着用于围柴的烧石以及大量烧焦的兽骨。洞内少量的农用工具也有被火熏过的焦痕。现场的遗迹表明，落笔洞三亚人在早期就掌握了捕猎技术，并熟练使用火。经过细致的清扫，发现遗址内有大量的贝壳类化石，其中包括早期海螺化石，但在遗址内只发现了极少的鱼类骨化石，这说明落笔洞原住民的捕鱼技术并未达到较高的水平。科考队在落笔洞内发现了大量属于旧石器时代的打制石器，它们种类丰富，做工粗糙，但与岭南地区早期出土的旧石器时代的打制石器一脉相承，石材的选用（体量、大小、形状）均沿袭岭南地区的洞穴文化，丰富了对于海南岛先民的文化认知，从而可以深入地探究黎族先民的族源问题。

那么三亚落笔洞的先民在旧石器时代过渡为新石器时代之后，是否又进行了一定规模的岛内迁徙，成为黎族的先民呢？答案是否定的，三亚人生存在这片土地上的痕迹不可忽视，琼州海峡的阻隔，导致落笔洞人的文明具有局限性，无法保证与同阶段的广西、广东、云南、越南等地的居民进行有效沟通，就科考队的探索成果而言，三亚落笔洞遗址的历史遗迹指引我们将时间定格在了新时期时代晚期。而随着新石器时代的到来，海南岛也迎来了新的居民，少量古越族人跨海来到海南岛，带来了新石器时代更好的石器加工方式，久而久之形成部落和族群，早期落笔洞人的去向也就成了一个有待商榷的问题。不过笔者认为，落笔洞的居民一部分埋骨于部落的冲突之中，另一部分与外来的古越族迁徙者进行了文化共融，因为是不同时期、不同阶段进入的海南岛，族源文化是同一的，所以在几千年的接触和交流中完成了共融，共同繁衍了海南岛黎族的子孙后代。

②百越支系——骆越

解析黎族的前身是否为骆越的一支，这个问题如果仅从各个地方出土的磨制石器或是打制石器研究和推论的话，未免过于挖掘细微的差异。因为自从新石器时代古越族创造了各种农业用具，族群后人一直将其延续，功能性才是他们追求的最高要点，美观方面也会采用几何纹拍印。但这些证据只能说明骆越一支从属于古越族，他们有共同的族源文化，在对器型的制造上有着共同的传承技艺，在审美以及功能要求上与古越族一脉相承，至于他的由来，因何而异？又为何定论海南岛的黎族先民是骆越一支，这些问题就无法用出土的文物进行详尽解答了。笔者认为民族的差异应细分到每个族群聚居地的语言问题上，故将重点放在了对黎族语言的收集整理方面。

众多的语言资料提到了黎族与古代越族的深厚历史渊源，古汉语与古越语的异同点立竿见影，例如古越语在语音方面有"爱声"的风俗，与现代黎语有一定的历史关系。在语法结构方面，古越语与古汉语也有一定的联系。如《越绝书》卷八载："朱余者，越盐官也，越人谓盐曰余。""朱余"是合成语即由两个名词结合而成，"余"修饰"朱"，这种语言修饰结构的方式，是黎语语言的重要特点，且与汉语完全不同。

　　黎族语言系统属于汉藏语系壮侗语族中的黎语支，黎语与同一语族的壮语、布依语、傣语、侗语和水语有着成熟的亲属联系，它们主要在语言、语法、语音方面有着明显的相同点。在语音特点上，声母相对于韵母而言较为简单，每个音节都是辅音开头的声母，没有真正元音开头的音节，声调与声母关系联系紧密。语法方面有其相同点，词序、语序与词汇的应用是体现语法关系的主要表现形式，中心成分通常在修饰式的合成名词前面，修饰成分之后；形容词、修饰名词或量词一般在名词或量词后，助动词在主要动词前边；量词限制较局促，一些名词可以带某些特定的量词。在基本词汇中，有大量的同源词，如名词中的月亮、太阳、水土、雾、雨、皮肤，动词中的跑、站、坐，形容词中的胖、瘦、深、浅、好、坏等。语言的发展一般与民族的发展历程有密切的联系，通过考察黎族语言系属与族源的关系以及研究某些地名，对于了解古代黎族的分布情况以及黎族与其他民族的历史渊源有一定的帮助。清初时期，屈大均的著作《广东新语》中就写到从广东的西南部到海南，有很多在其他地区未曾见过的相同地名出现。事实说明追溯到远古时期，黎族的地域分布更加辽阔，与广东远古时期分布的越人、僚人、俚人有着紧密的联系。宋代周去非所著的《岭外代答》曾提到黎族是湖北、湖南、广西、广东、福建等地的汉族，由于久居黎地，习尚黎俗，最后成为黎族的。这就可以确定，黎族的先民是东南沿海一带曾经说着南岛语言的人，接下来在几千年的漫长岁月中海南岛又迎来了新的一批开拓者，他们说着具有强大感染力的汉藏语，与本地的南岛语结合渐渐发展成了壮侗语系。未能登岛的居民在陆地上也进行了相同的继承与融合，形成了大量同源词的现象，却又在语言结构上与汉语不同。[1]

　　而"黎"字则源于东汉时期，居住在中原地区的人对南方人粗鲁的称谓——"里"、"蛮"，到了隋朝称之为"俚"、"僚"。宋代的时候便有了"黎"字[2]，这一点在历史文献中记载详尽，例如范大成的《桂海虞衡志》、赵汝适的《诸蕃志》。至于俚和僚因何改为"黎"，成了不少学者的探究点。黎族的文化和生存环境中有一座"黎母山"，黎族人称山为黎，并且在这座黎母山中居住，于是就自称为"黎"。另外一种说法则是"讹俚为黎"，"黎"由"俚"音译而来。

[1]　周去非. 岭外代答 [M].1179.

[2]　范大成. 桂海虞衡志 [M].

以上的种种分析表明，黎族的先民由古越族中骆越支渡海而来，虽在语言上自成一派，但在语系上仍能与百越族其余各支找到共性。因此，黎族是由不同时期进入海南岛的先民在不同发展阶段中深入融合而成的。

③南洋人

除了海南黎族先民由早期落笔洞三亚人和百越族在不同时间段迁徙而来之外，还有来源于南洋诸岛的可能性。关于南洋诸岛的划分，现存资料记载很少。苏拉威西岛、爪哇岛、加里曼丹岛和苏门答腊岛被地理学家分门别类为"大簨他群岛"，加之北部的"棉兰老岛"和"吕宋岛"，共同组成了"菲律宾群岛"。这个群岛的东南边，有一群体量小的以"巴厘岛"和"东帝汶"等岛屿组成的"小簨他群岛"。

南洋人指的是从以上岛屿分批由海路进入海南岛的原始人类。除了在考古学方面取得了两地出土的相同的石器遗迹之外，有的人类学家还对303位黎族同胞进行了血液分析，结果认定有一部分黎族先民身上流淌着正马来人的血液。正马来人也称之为印度尼西亚族，正马来人与古越族有着很深的历史渊源，不排除是由古越族长途跋涉而至。在部分抽样调查的样本血液杂质中，研究者分离出了南洋诸岛其他岛屿民族的脱氧核糖核酸，包括带有"矮黑人"的成分。经此推断得出了黎族是多元族源的说法，他们在原始时期由海路踏上了海南岛。

除了通过DNA测试，也有学者从物质文化、精神文化与传说故事等方面来印证黎族族源是来源于南洋人的说法。最早写出《海南岛民族志》的史图博先生率先从黎族的物质文化和精神文化着手，将其与正马来人、印度支那各族，越南交趾国各民族进行对比，得出黎族的先民几经波澜，随着祖先迁徙的脚步从东南亚进入海南岛的结论。随后又有刘咸在《海南黎族起源之初步探讨》中，对海南岛黎族的传统文化等方面进行探讨，分别从黎族织锦、黎陶、黎族妇女的文身以及黎族妇女的服装入手，得出黎族族源文化从属于太平洋四个文化区中的印度尼西亚区，并且与南洋群岛各民族所有着大同小异的结论。刘咸从黎族人的习俗和生活习惯进行文化系统的分类，进一步论证了黎族的先民是由南洋人跨海而来，对今天的研究有很重要的参考价值。

小结

关于海南岛的黎族来源，学界现阶段仍存在三种说法，但可以肯定，黎族先民是跨海并带着一定的生存技巧和族源文化而来的，经过漫长的岁月，又不断有新移民迁入，与原住民进行融合与传承，长此以往，最终形成了现在的黎族，因此，可以说现阶段研究黎族族源的多元说最为全面和客观。

（2）民族学视角

我国是一个多民族的国家，少数民族为国家的文化繁荣增添了大量的优秀民族文化。黎族作为一支勤劳勇敢的民族，长期居住在我国南端的美丽岛屿——海南岛上。丰富的岛内资源以及充沛的降水量使得黎族先民在这里能够安居乐业，繁衍生息。据 2010 年第六次全国人口普查数据显示，全国的黎族人口共有 146.3 万人，其中海南岛的黎人口数为 127.74 万人，占据全国黎族总人口数的 93.9%，位列我国第 18 大民族。

所谓故乡，就是祖先漫长漂泊的最后一站。黎族先民将海南岛选定为最后停留的宝地，由于其四面环海，发展相较于我国中部平原和两广一带要缓慢，文化交流相较内地并不紧密，加之黎族没有文字，无法记录自己生存的环境、躬耕的肥沃土地，抑或是与猛兽对抗的勇敢，所以他们以诗歌或绘画的形式将这些文化代代相传。黎族的语言属汉藏语系壮侗语族黎语支，研究他们的语言和文化还要从漫长的迁徙和族源切入。

国内外学者对大量的民族学文献和考古学发现进行研究，从"族文化"中找到了论证黎族族源的有力证据。笔者对其加以分析整合，总结出经济活动实践和生产活动实践两个方面。这两个方面促使黎族从新石器时代发展至今遗存下多种文化印记。

①经济活动实践

黎族的族源追溯到古代越族发展而来的百越族，百越族长期分布在我国的长江以南，是长江以南人口最多、幅员最辽阔的族群。人口众多需要更适宜躬耕的土地，于是他们不断寻找适合繁衍生存的地方，有的族群停留在山谷地带形成了新的部落，有的族群则选择继续远征寻找新的土地。有的族群因为政权的更替漂泊到海外过着隐居的生活，有的族群则较早地与华夏族进行了融合。因此古代越族衍生出了众多的支系，只是因为生存环境的差异以及文化传播速度的快慢，使得各个族群的差异日益明显。但是差异的存在反倒证明了古代越族的迁徙路线，给我们清晰地描绘了一幅线路图，让我们顺着这个路线对古代越族迁徙的地区再次进行验证，寻找共性和差异性。这也导致了战国群雄割据后古代越族因自身众多的分支被称为百越族。

百越族的分布多为平原地区。根据考古学的发现,百越族的迁徙脚步由北开始一路向南向西到达两广和滇,部分跨海成功到达海南岛。通过对百越族的迁徙习惯和驻扎地点,结合百越族地区出土的躬耕器械可以看出,百越族所居住的我国长江以南地形以平原为主,地处中国地形三大阶梯的第三级阶梯。古越族的脚步最北到达了湘,鄂等地,倚靠长江进行灌溉耕作活动;最西到达了滇、黔等地,虽然地势较高,但百越族族民的活动范围多遍布河谷平原地区,水系交叉密切。在东南部的苏、浙地区也有为数不多的分布。值得一提的是,新石器时代代表性遗址之一的河姆渡遗址就在这片地区,而河姆渡遗址是我国发现的最早将野生稻改良为人工栽培稻的遗址,因此迄今为止 7000 年的时间里,百越族在这里过着定居的生活,发展农业并以稻米为主要食物。通过这几个特点可以看出黎族先民的经济活动方式以灌溉和捕鱼为主。他们十分擅长水稻的种植,毫不夸张地说百越族是我们国家水稻栽培农业最早的一批先行者。

②生产活动实践

黎族先民在海南岛留下的种种遗迹引导我们将其族源归至百越族之中。一个民族有一个民族独有的生产实践方式,这种生存方式主要体现在其生产方式和生产工具上。古越族自新石器时代以来就长期生活于长江以南,在长期的磨炼中摸索出了适应环境的生产实践方式。海南岛进行大规模的有序开发是在 20 世纪 80年代,开发者在这片土地上挖掘出了 190 多处与新石器时代中期及末期具有相同特点的石器。这些石器在器型和制式上与两广及桂、黔等地出土的十分相似,但具有个体差别,体现在制作精度,美观程度以及使用耐久度上。这一点在很大程度上说明了海南岛的黎族先民是从我国南部沿海地区长途跋涉跨海而来的,他们对于生产器具发展的趋同性恰好也说明了海南岛的黎族先民到达此地并进行长时间的生存实践。因为与内陆隔海相望,有碍于交通工具和科技的发展,他们无法和内陆地区的先进文化进行有效的沟通,久而久之区域特征和地方色彩就体现出来了。

其中最具特色的磨制石器包括有肩石器和有段石器两种。有肩石器又分为有肩石斧、有肩石锛、带双肩的石斧、带双肩的石锛和双肩大石铲。双肩大石铲产生于岭南地区,时间节点在新石器时代末,它作为有肩石铲的代表性器物,器型较大,外表规整,有着 10 厘米以上的双刃,铲面为弧形并且修长,通体打磨光滑。

相比于以小型居多的劈凿类工具，双肩大石铲是大型生产器具，用于古老而原始的农业耕作。有段石器主要分为有段石斧和有段石锛。经研究这些石器都由手工抛光磨制而成，是生活中较为重要的农用生产器具。这些在黎族先民居住的区域出土的石器证明了他们在此地生活过漫长的岁月。他们打磨石器，用古老的技艺将其捆绑固定并加以利用的画面为我们描绘了黎族先民的生存方式和因地制宜的智慧，有助于我们更好地理解黎族的民族文化和地域特色。这些磨制石器可溯源至两广和沿海地区，对其制作工艺等进行对比，可以发现它们同属于一个民族族源制造系统，碍于文化交流的不便和闭塞的发展空间，相较于在广西钦州，广东湛江等地出土的大量鉴定过的古越族使用的器械，海南出土的器械显得较为简陋，种类较少，外观精致度也比不上两广。其中铲、凿、斧、锄、锛等原始器型即为海南岛出土器型的进化版。所以百越族的文化是各支系、各族群共同创造的族源文化，其中枢就是古越族遗留下的种种生存经验，但其不同地域，不同文化的发展有了个体的差异，例如双肩大石铲的使用范围从农业用具演化为部分黎区部落的祭祀礼器，但是其文化的纽带一直传承至今，这也印证了海南岛的黎族先民是由百越族的一支迁徙而来。

除石器外还有一个最为重要的证据，就是生活器皿上印制的纹路。其中最为典型的就是几何印纹。最早期的几何印纹陶源于新石器时代晚期广东的石峡文化，古越族在创造几何印纹并且将其运用到陶器上，一是为了增强陶土质地的坚硬性，通过陶土土坯的拍打和压实，对陶土的密度有一个物理原理上的增强；二是为了美观。不过进入新石器时代晚期以后，古越族又以开枝散叶的方式进行迁徙，于是几何印纹技术就由古越族传播到了海南岛，并产生了区域差异，衍生出了一种民族符号。自 1988 年建省以来，海南省组织了多批考古队对儋州、东方、昌江、陵水、乐东黎族自治县等地进行了挖掘，开发出了多个几何印纹陶文化遗址，并且发掘出许多具有海南地域文化特色的石器。发现的炊具以圜底釜，圜底罐和几何印纹陶为主，器身印制的纹样主要有云纹、人字纹、米子纹、水波纹、方格纹、菱形纹等。这些几何纹样与广东石峡文化出土的器型印纹一脉相承，有着很密切的特点。所以在这一点上能够很明确地推导出黎族的先民从大陆跨海而来，带来古越族的文化并加以发展。黎族的先民和古越族存在着十分密切的关系。这种纹饰的陶器兴盛于青铜器石器，在百越族所踏足的各地均有发现，这类陶器与有肩石器、有段石器并存，所以被考古学家和民族学家认定为百越族存在的力证之一，同样也是百越族重要的族源文化之一。然而青铜器的大量冶制，使得内陆的石器以及陶土器被迅速淘汰，战国的硝烟也拉开了纷争的序幕，到达海南岛的百越族人未能与内陆文化进行良好沟通，无法掌握青铜器制造方式，遂将石器和陶器一直沿用。

2. 建筑学视角下的海南黎族传统民居

（1）黎族民居演化发展概况

黎族传统村落聚居区在黎族中称之为"Fan"（音译为"番"），也称为"Bao"（音译为"抱"），都是村落的含义。[1] 传统黎族村落大多由茂密的热带植被环绕，元代绝句诗句中描述："重重叶暗桃榔雨，知是黎人第几村。"[2] 即是形容在雨中因植物遮盖，已无法清晰地辨别黎族村落的具体位置。初期黎族传统村落民居的形式主要有两种，分别是"巢居"与"干栏"式民居建筑。在早期晋代文献记载中有"南越巢居，北朔穴居，避寒暑也。"[3] "巢居"的称谓来源于对民居形式的象形比喻，其材料多使用海南黎村周边的竹材料与木材质，由这两种主要材料构筑而成的民居形式上酷似鸟类的"鸟巢"，因而将人居比喻为鸟巢，形容人似鸟类一样离地而居。这类民居逐步由结构支撑离开地面升高，进而演化为干栏式建筑。在《新唐书》中有相关记载："土气多瘴疠，山有毒草及虺蝮蛇，人并楼居，登梯而上，号为'干栏'"[4]，这类民居的出现极大地提高了黎族先民居住的安全性与日常生活的便利性。"居处架木两重，以上自居，下以畜牧"，[5] 干栏式民居在架高居住空间的同时很好地规避了猛兽与毒虫的侵害，对防御氏族冲突也有一定的保护作用，另外对于避高温及防潮湿都有较好的效果。建筑底部可以成为家禽家畜的围栏区域，便于日常的照料。由于百越民族的体系中多采用干栏样式，因此干栏也是将黎族归为百越支系的一个例证。发展至宋代，黎族干栏式民居建筑已和内陆的广东省、广西省部分少数民族的民居形式有了较高的相似度。"深广之民，结栅以居，上设茅屋，下蓄牛豕。栅上编竹为栈，不施椅桌床榻，唯有一牛皮为栖席，寝食于斯。牛豕之秽，升闻于栈之间，不可向迩，彼皆习惯，莫之闻也。考

[1] 刘耀荃. 海南岛黎族的住宅建筑 [M]. 广州：广东省民族研究所，1982.
[2] 范梈. 琼州出郭 [M]. 元.
[3] 张华. 博物志 [M]. 晋.
[4] 欧阳修，宋祁，范镇，吕夏卿等. 新唐书. 南平僚传 [M]. 北宋.
[5] 范成大. 桂海虞衡志 [M]. 宋.

其所以然，盖地多虎狼，不如是，则人畜皆不得安．无乃上古巢居之意欤？"[1]

　　黎族干栏式民居建筑发展至明代时基本与宋代形制无异，"凡深黎村男女众多，必伐长木两头搭屋有数间，上覆以草，中剖竹，下横上直，平铺为楼板，其下则虚焉。登陟必用梯，其俗呼日'栏房'。"[2] 明代黎族民居的外观出现了较为明显的变化，从可考的史料分析判断，明代出现了与今天黎族传统村落民居形式极为相似的"船型屋"民居样式。"茅屋檐垂地，开门屋山头内，为水栈居之，离地二三尺，下养羊豕之类。"[3] 当然，这个时期出现的船型屋仍从属于干栏式民居建筑的概念框架下。在明代顾玠对黎族民居的记录中，出现了一种谓之为"殷"的存储功能用房，可并无图录留存比较，无法准确地辨析是否与现在的黎族谷仓建筑有传承演化关系。

　　清代黎族民居与今天的黎族民居相类似，谓之"舫屋"。在形制上民居平面轮廓已呈矩形，居住空间区分为前后两室，屋顶覆盖的茅草及结构造型呈半圆状，与船形极为接近。"屋室形似覆舟，编茅为之，或被以葵叶或藤叶，随所便也。门倚脊而开，穴其旁以为牖。屋内架木为栏，横铺竹木，上居男妇，下畜鸡豚。熟黎屋内通用栏，厨灶寝处并在其上；生黎栏在后，前后空地，地下挖窟，列三石置釜，席地炊煮，惟于栏上寝处。黎内有高栏、低栏之名，以去地高下而名，无甚异也。"[4] 这一时期不仅干栏的形式依然存在，还演化出了"高栏"与"低栏"。高栏一般距地面不超过 2 米，上层为人居，下层圈牲畜。高栏民居并非平地而起，需要借助适当坡度的坡地。低栏则基本营建在较平整的地表上。

　　进入民国后，随着黎族生产力的显著提高，村落迁移逐渐减少，选址更多基于较为平坦的地理环境。黎族传统村落民居的样式完成了从干栏到地居式船型屋的演化，完成了船型屋民居建筑在近代的最终定型。但在今天的五指山地区，例如五指山初保村，仍保留着一定数量的干栏式民居建筑。这也充分说明黎族民居因地制宜营建法则的灵活性。

　　在民国后期至中华人民共和国成立初期，随着黎族与汉族文化不断接触，受汉族民居文化的影响，黎族传统村落中出现了"金字塔"形民居建筑。金字屋在

[1]　周去非．岭外代答．风土（卷四）[M]．南宋．

[2]　顾玠．海槎余录 [M]．明．

[3]　顾炎武．天下郡国利弊书．广东 [M]．清．

[4]　张庆长．黎歧纪闻 [M]．清．

出现初期有着与落地式船型屋诸多的融合形式，也是今天船型屋具有不同规格尺寸与较明显结构类型的成因之一。甚至出现了较为纯粹的汉族金字塔形民居，这类居民数量虽然不多，但也极大地丰富了黎族传统民居的样式，加强了传统民居的坚固性。

中华人民共和国成立后，党和政府出于对黎族民居安全性、坚固性的考量，在带动黎族社会经济发展的同时，引导黎族同胞陆续兴建了一批砖瓦结构的民居。但在整村迁移新村前，民居中船型屋的数量仍占主体。

"从人类文化的发展来看，任何时期的建筑都不可能脱离社会的发展而孤立存在。就是说：建筑的发展是人们的生活需要以及和生产力有关的材料技术等的忠实反映。"[1] 海南黎族传统村落民居是在长期的生产斗争和实践生活的历史发展中，运用本民族的劳动智慧和创造力逐步成型的。尤其是黎族船型屋这一极具海南本土地域环境特征的民居形式，合理地将建筑外观与建筑结构融合一体，体现出浓郁的少数民族风格。但黎族传统村落民居也存在着一定的历史局限性，民居建筑的技艺并未得到实质性的提升，与内陆汉族的建筑技艺存在着较大的差距。不断迁徙的历史使得民族文化处于一个相对落后的状态中，这也直接反映在民居建筑的营建技艺中。梳理黎族传统村落民居的演化进程与基本成因，对于研究当下黎族民居的保护理论，尤其对具体的保护形式、保护重点、保护原则等，均有着极为重要的基础价值。只有洞悉黎族数千年来的民居演化流变，才有可能具备保护的理论可行性，才有可能谈及设计，没有历史依据的保护，是毫无根据的毁坏，没有演化脉络的清晰，设计是盲目片段的剪辑。

（2）建筑学视角下的海南黎族传统民居

从广义上讲，建筑物的概念既表示建筑工程的建造过程，又表示这种活动的成果。建筑也是一个总称，既包括建筑物，也包括构筑物。[2] 在笔者对黎族民居进行初步探索的时候，把黎族传统民居当成一个"建筑物"进行研究，显然黎族先民在建造船型屋时未曾预见到后代子孙会将"建筑学"设立成一门独立的学科，并以此对正在建造的民居进行探索。笔者认为建筑学的视角不应当局限于居住文化的"硬件"，构成黎族传统民居建筑样式还涉及当地的"制度文化"、"行为文化"、

[1] 刘敦桢. 中国住宅概说 [M]. 天津：百花文艺出版社，2004.
[2] 阮景，许先锋，孙永庆. 房屋建筑学 [M]. 北京：北京理工大学出版社 .2016.

"心态文化"。在各种成因的相互影响下，黎族传统民居才会作为一个完整的"建筑物"呈现在我们的视野中。

①生产活动

通常我们把建筑物定义为向人类提供从事日常生产、生活活动以及其他活动的空间场所。黎族传统民居不仅为黎族先民提供遮风避雨，防虫防兽的功能，在漫长的演变和进化中，还凸显出了在功能方面更深层次的考虑。正如建筑物所定义的那样，黎族传统民居在一定程度上也给黎族先民提供了日常生产活动的场所。例如黎族船型屋式建筑在搭建建筑主体的同时，考虑到了室外活动空间的布局，在主入口的山墙前设置了与地面等高的晾晒平台，由主梁延伸出龙骨构件覆盖茅草，按照龙骨的弧线形成巨大的遮阳棚，晾晒平台通常用木板或竹条排列成地板，形成一个半室外空间，在这个区域里黎族先民进行的生产活动就是晾晒谷物以及纺织衣物，黎族妇女通常在这个区域内纺织，对谷物进行筛选，黎族织锦这项宝贵的民族遗产就是在这个区域中进行的。

②其他活动

在构建黎族船型屋骨架时，屋顶桁架结构向檐墙两侧做了延伸布置，通常是探出檐墙 1—1.5 米并且尽可能地接近地面，最长屋檐出墙达到了 2 米。这样一个结构使得屋檐低矮，由屋檐遮罩的区域形成大面积阴影。这也是因为海南岛地处热带与亚热带气候交界，常年高温，正午光照强烈，黎族先民为了保证日常活动以及自身舒适度，于是演变成了船型屋。在屋檐遮罩的荫凉处，通常会放一些农业生产工具，避免长时间的日晒雨淋导致使用耐久度的下降。

笔者在进行考察时发现，在这样一个储放农业生产工具的空间内，通常还伴随着长石凳的出现，部分船型屋使用的是长条木板凳。通过走访村民得出结论：这些凳子是茶余饭后避暑纳凉，与家人进行交流活动的一个区域。因为屋内采光、通风相对较差，所以选择一个半室外空间。黎族先民在保证建筑外观整齐性的同时，又对生存空间有了进一步的需求。

③建筑的"硬件"

建筑的核心包含了空间布局、建筑结构、建筑外形和建筑装饰构件几个方面。在建筑学领域，建筑群聚落形态研究占据了主要部分。由于建筑学服务的对象是人类，那么人类对于自身生存空间的要求就成了建筑学发展的源泉。所以对建筑形态的学习是研究海南黎族传统民居不可或缺的部分。

空间布局

大到一个城市，小到一间户型，空间布局的终极意义在于"天人合一"。环境空间的内容涵括了公共空间的营造、人流动线的组织。而小的户型以居住空间为主，我国的住宅民居在空间划分上的共性表现在由公共空间到私密空间的过渡上，这些空间的布局通过多变的拼接方式组成了多样化的户型。黎族传统民居作为其中极具民族特色的一支，它的空间布局与汉族完全不同。根据黎族先民对于村寨搭建初期的选址，黎族传统民居通常布置在等高线较为稀疏的地方，他们利用地形优势进行排污，房屋布局的空间规律平行于等高线，且以山墙相邻，房屋与房屋之间在纵轴上由高到低排列，山前之间以碎石子、泥土铺装。横轴走向通常由南向北，鉴于黎族传统文化的制约，黎族传统民居的檐墙上是不设窗户的，通常为了采光在屋顶上开设一扇天窗（兼备野兽袭击或是村寨械斗时的逃生窗口功能）。黎族船型屋户型的功能由入口处的半室外空间——晾晒台依次向室内延伸，大的户型设有客厅、卧室、储藏室，小的户型也具备客厅和卧室，卧室兼具储藏的功能，这样一个由浅及深的室内布局显示出黎族传统民居的使用者早已有了对于空间使用的把控。

建筑形态

建筑形态的研究手法主要分为：a.理论上对建筑形态的探索；b.实际上对传统民居建筑形态的复原。无论从理论还是实际角度出发，建筑形态理论的研究离不开建筑形态学、建筑类型学和建筑符号学。逐本溯源，对现存的传统民居进行对比分析和演化推算。由建筑外立面的造型为出发点分析整栋建筑的形制成因，例如船型屋由葵叶和茅草编织而成的屋顶、弧形桁架、草编混泥墙横向延长面以及底层架空的形式等，从船型屋内部空间使用功能分析黎族传统民居的户型构成，通过对地形的理解，从不同的角度分析房屋形状制式，例如谷仓，鸡舍等不同形制的建筑形态成因。以此提炼出类似于人文领域符号化的形态，从侧面佐证了黎族先民的族源问题，并对笔者接下来黎族传统民居的生态设计具有指导性意义。

建筑结构

黎族传统民居的建筑结构包括承重体系及围护体系。广义承重体系分为穿斗木构架、木骨泥墙、夯土墙体承重、石砌墙体承重等方式。经过大量的田野调查和结构拆解分析，黎族传统民居的承重体系可分为木构架承重以及夯土墙体承重两种。其中夯土墙的做法并非如其他民族用土坯做砖，砌筑墙体，而是用本地黄土混水加以搅拌，加入树枝草根增加墙体坚固性，墙体承重多出现在陵水、崖县、东方等地，因为受外来文化冲击，山墙搁檩的工艺逐渐发展成金字屋最典型的做法。木构架承重主要有三种搭建技艺：a. 抬梁式构架体系；b. 穿斗式构架体系；c. 穿斗与抬梁相结合的混合式构架体系。黎族船型屋及谷仓的承重均是台梁式构架体系。[1]

围护体系包括屋顶、墙体、地面和门窗，黎族传统民居的屋顶以葵叶和茅草为主要材料，墙体归为传统民居建筑的竹编夹泥墙，设有山墙门以及天窗，部分房屋后部设有小窗，具有通风的作用。

④建筑的"软件"

宗族文化

影响一个建筑物外形特征产生的因素还包括宗族文化以及主流的社会文化和审美情趣。在封建社会，宗法制始终是统治者约束地位低下的臣民的制度，宗法制由家庭为单位开始蔓延，历经家族，宗族，氏族，村落等慢慢壮大。由最初具有血缘关系的家族文化扩张成为具有族源文化的族群。中国人自古深受宗族文化的影响，在潜移默化中造就了颇具特色的自身居住环境。由于礼法的约束，尊卑有序、秩序井然成了中国传统民居不言而喻的代表词。例如赣南客家人的传统民居中，厅堂是整座建筑的核心部分，每进厅堂的高度随着主人的身份地位逐级递增。[2] 黎族虽地处偏远，但通过为数不多的文化交流，地主的住宅无论是规模还是地势，都要比普通农民高出一大截，但是这也不能完全说明尊卑的思想就一定存在黎族先民的思维中。由于地势高低的不同，使得黎族传统民居在建设的时候就面临着房屋位置的选择，对初保村民居的研究发现，村长民居靠近村落的主干道，但处于一个较低的地势上，所以笔者认为，黎族受宗族文化的影响多集中于奴隶社会和半殖民地半封建社会时期。随着文明的进步，这种思想逐渐改观。

社会文化

广幅的疆土使得中国的文化传递到各个地区的时间不同，导致了社会文化具有明显的时代性和地域性。在老子提出天人合一的主张影响下，我国各地的传统

[1] 阮景，许先锋，孙永庆 . 房屋建筑学 [M]. 北京：北京理工大学出版社，2016.
[2] 胡媛媛 . 文化传承下的上甘棠村聚落形态研究 [D]. 湖南大学，2006.

民居无不将这一点运用到极致。《阳宅十书》中提到："人之居处，宜以大地山河为生"。只有在不破坏自然风水的情况下，顺应自然发展，达到天道与人道的统一，才能风调雨顺，繁衍生息。黎族先民的村落选址、房屋的营造正是在这种思维的指导下进行的。笔者在对现存黎族传统村落选址的研究过程中发现了共性——它们都有灌溉水源和大面积农田，地势平坦但有高差。房屋建造及屋内陈设均使用自然材料。黎族文化流传至今也未曾发生过文化断层，由此可以看出黎族传统文化受天人合一思想的影响较深，潜移默化地尊重大自然，敬畏大自然。

审美情趣

黎族传统民居的建造样式反映出黎族先民的审美情趣，而黎族五大方言的传统民居大同小异，在部分结构处理上呈现出多样化的特点。干栏式建筑、船型屋与谷仓不同的形制在以使用功能为前提的考究下，对体量和细节的处理体现出使用者在心理上的美观追求。例如谷仓的造型，在满足底部通风后，山墙砌成弧形，在立面上与居民住宅区分开来。黎族人喜欢在房屋的晾晒区铺满粮食，并用耙子铺设均匀，进行直线划分，这种整齐划一的审美情趣在村落的布局上也有体现。

笔者根据现有资料的整合以及走访考察黎族村落，从建筑学的角度对黎族传统民居进行分析，发现黎族本身对于族源文化的解读相比其他民族显得较为粗浅，不同时期的文化融合以及汉文化对于黎族的冲击，使得黎族民居在形制上显示出较大的包容性，但在"硬件"上体现出了自己独树一帜的地方，结构特征和形式美感与海南岛独特的气候环境是分不开的。相较之下，主流社会审美、社会文化参与较少，但其中的关联体现在更加细微的差别上，这也是笔者未来研究的方向。

1.2　海南黎族传统民居的特点

1. 海南黎族村落的环境适应性

中华人民共和国成立前，黎族聚落一直保持着原始社会的形态。[1]中华人民共和国成立后，直到 20 世纪 80 年代，黎族传统村落民居的面貌基本没有改变，

---

[1]　刘耀荃.海南岛黎族的住宅建筑 [M].广州：广东省民族研究所，1982.

仍然保持着世代相传的船型屋样式。黎族聚居区域多为山区和丘陵，这与黎族的发展历史有着密切联系，黎族曾长期受封建统治阶级的压迫，从保护自身的角度出发，不得不被动地向海南内陆偏远山区迁移，而海南内陆地区可用于耕地的田亩十分有限，每个传统黎族村落间距较远，没有形成较大面积的主要聚居区域。因此每个自然村落的户数并不多，从 80 年代的 20—30 户到今天的 100—150 户。过去黎族传统村落大多以同姓氏组成，共同聚居，目前随已发生改变，但一村中同姓比例依然很高。

黎族传统村落选址大多集中在山区、河谷类的小型平原区域，具体建村地点多相对平缓。从选址的基本原理上可概括分为以下几种：

（1）地形地势要求。以五指山初保村为例，多选址于靠近有明显坡度的山区或丘陵。海南气候多潮湿，具有坡度的选址结合明渠形式的排水系统，能够有效地将雨水及日常生活污水及时排放。

（2）水源地要求。虽然黎族居民具备打井的技术条件，但对于天然水源的依赖仍然成为村落选址的考量因素。无论山泉或河流都能够较好解决农田灌溉的需求。同时，优质的溪流也有利于渔猎的发展，使之成为食物的又一来源。

（3）适度的交通距离要求。黎族历史上虽受反对统治压迫不断迁移，但仍会与主要乡镇交通通道保持一定的距离，以解决必要的产品交换需求。

（4）多种作物种植的要求。海南稻米虽一年多熟，但黎族传统村落总体产量仍偏低，从自身饮食与农作物产品交换的角度出发，需要选择既能种植传统水稻，又能种植橡胶、杂粮等其他作物的适宜耕地。

（5）安全性要求。黎族历史上曾以渔猎为主，加之不同村落间的争斗，其诸多生活习俗均与自我防卫有关联。从村址隐蔽性，到猛兽主要活动区域的规避，以及封建思想影响下的迷信，均对自身生命安全与迷信信仰下的"精神安全"有着较高的要求。

（6）生活物资材料要求。黎族保持原始社会形态历史较长，传统村落基本能够自给自足，维持生活基本条件的原始物资需求也成为选址的原因之一。

2. 海南黎族传统民居的类型

根据结构形式和建筑材料黎族传统村落民居可分为船型屋式民居、金字屋式民居和砖瓦房式民居。

（1）船型屋式民居

船型屋式民居是海南黎族传统村落中最具有特色的民居类型，民居平面轮廓为长矩形，入口多选择在两侧的山墙设置，民居顶部的造型呈半圆形，且顶部结构向地面的延伸较长，距地面较近，这种外观形式从室外看酷似一艘倒扣的渔船，故而得名船型屋。传说中有这样一个故事：数千年前，一个王国的公主名叫丹雅，由于不满国王对自己婚姻的强制安排，独自一人驾一艘船出海逃婚，途中遇到了暴风雨，被海浪带上了一座孤岛，公主为了躲避风雨用树干支撑起倒扣的船身，用岛上的茅草遮挡破损的船底。因公主避难之处为海南岛，黎族后人将此视为船型屋的起源并代代相传。客观上，从黎族船型屋的形制上也可以推导出黎族的祖先应是"以船为家的渔民"。[1]

船型屋作为海南少数民族民居建筑的典型代表，近几十年间却在逐步消亡。海南很多黎族聚居区在20世纪六七十年代就已经很难发现船型屋了。目前，笔者调研的数十个海南黎族传统村落中，船型屋保存相对完好的有五指山初保村，最为难得的是初保村的黎族村民仍有相当一部分居住其中。而在东方市的白查村，虽然民居保存完好，但是居民已全部迁到新址，聚落环境发生了巨大的改变。现存的黎族船型屋在海南各地的区别并不明显，只有落地式船型屋与干栏式船型屋的区别，而仅就落地式船型屋而言，现有的全省遗存中整体性比较一致。干栏式船型屋目前多见于海南中部山区和丘陵，这一现象与海南近半个世纪以来的环境状况有关。另外，传统干栏式船型屋下层圈养牲畜对卫生环境的影响，也越来越为黎族村民所重视，牲畜圈养逐步实现了与村民居住的分离。同时，落地式船型屋民居内部借鉴了汉族居床而眠的习惯，从而改变了席地而眠的传统。

传统的船型屋民居只开前门和后门，墙壁上不开窗，使得民居室内的光线十分阴暗，对通风和采光影响较大，白天情况很不理想，夜晚则完全依靠生火解决基本照明。虽然屋顶的茅草具有一定的空气疏通作用，但整体条件仍十分恶劣。随着落地式船型屋的普及，民居墙体的样式发生了改变，为了解决上述问题，民居主入口向檐墙转化，提升屋顶高度，形成了有利于空气流通的空间（图1-1）。在屋顶与墙体交接处不再完全封闭，留下了50厘米左右的空间，为基本采光与通风创造了条件。

---

[1] 陆琦，唐孝祥，廖志.中国民族建筑概览（华南卷）[M].北京：中国电力出版社，2007.

船型屋民居室内一般分为两部分，多为前室和卧室，也有的在民居后部隔出储物室。大多设置廊，在民居前部居多，其利用功能多元化，一种可以在屋顶茅草遮蔽下形成半户外的活动空间，进行编织、纺织一类的手工艺活动，另一种可以独立分隔为饲养家禽的空间。第一种形式对于屋檐飘出的尺寸有要求，一般在1—2米

图1-1 船型屋

之间，并且屋顶茅草的下垂较多，白天能起到更多的遮光作用，这样形成的空间还兼备农具的存放功能。

黎族民居室内不单独设置厨房，多数与居住空间不做分隔，炉灶形式十分简陋，不像汉族使用砖砌成形，而是简单地用三块石头或砖块组成最基本的支撑点，即非常原始化的"三石灶"（图1-2），烧火材料也非常规的柴火，而选用细长的木条。在笔者考察的个别黎族村落中，有的使用黄泥堆砌成了半弧形的灶台，这种灶型多为黎族酿酒使用（图1-3）。在室内灶台的周边墙底打开一个半圆形洞口（图1-4、图1-5），目的是为了及时地将炉灰清扫出室内，靠室外的明渠通过雨水冲刷自然清理。但是这种室内敞开式炉灶无法及时地在无窗室内空间中排放炉烟，对室内空气造成不良影响，也不利于消防安全。相对而言，这种煮饭时烟雾缭绕的室内环境对于加固和干燥室内墙体起到了一定的积极作用，延长了船型屋的使用周期，对室内保温也有明显的效果。历史上的迷信思想影响到了民居建筑的设计，为了防止鬼怪进入室内，墙面上不开窗口。在炉灶周边会摆放如陶罐等装载粮食的各类用具，大都杂乱无章，一些现代产品的外包装也成了存储器。船型屋的室内家具稀少，多为小型的坐具，如牛皮凳、独木椅等。传统黎族饮食多席地而坐，近年来逐渐改为使用餐桌。依据实地调研与文献资料，可以总结出黎族传统民居室内设灶的原因：[1]

[1] 刘耀荃.海南岛黎族的住宅建筑[M].广州：广东省民族研究所，1982.

图1-2 "三石灶"

图1-3 黎族酿酒

图1-4 室内灶台墙底洞口

图1-5 灶台洞口外部

①黎族村落多蚊虫，在室内设灶可有效地驱赶蚊虫，利用烟熏保障室内人员不被叮咬。

②炉灶在室内的烟熏可以起到干燥墙壁，去除民居湿气的作用。对于室内屋顶的木、竹子和藤起到固化，防止材料表面霉变等效果。

③海南冬季室外温度适宜但室内温度较低，炉灶引火可以在保持火种不灭的前提下，提高室内的温度。

船型屋式建筑的室内空间多低矮，顶部为坡屋顶，室内最高点也多在3米以下，平均高度仅为2米左右。黎族村民充分利用了船型屋民居的结构特征，将室内空间的存储功能发挥到了淋漓尽致的程度。凭借船型屋屋顶的结构特点，室内的横梁与网格状的结构既毫无遮蔽，又抬手可触，因此日常使用的小件用品，从镰刀、竹筐、扁担、锅勺到卷起的藤席都可或挂或嵌地放置在屋顶（图1-6），这种向屋顶要功能的使用方法是船型屋民居的一个独到之处。不仅在室内，室外的墙体借助船型屋茅草的弧形下垂遮雨功能能够为村民提供墙面悬挂大型的农具、黎锦织架和渔具等用途（图1-7—图1-9）。

图1-6　船型屋室内屋顶

图1-7　船型屋屋顶悬挂生活用品

图1-8　户外墙面悬挂生活用具

图1-9　外墙堆放大型物品

（2）金字屋式民居

金字屋在历史上本不是黎族传统民居类型，而是伴随黎族与汉族以及其他民族文明的交流与碰撞逐渐产生的"黎族化金字屋"。在功能与结构上相比典型的船型屋具有更多的实用性。这种类型民居的顶部结构变化最为明显，与传统船型屋较为纯粹的半弧形拱顶不同，金字屋顶部进行了再升高，屋顶承重梁的结构与汉族民居已十分接近，客观上提高了入口墙体并改善了门的尺寸，使得出入更加便利（图1-10—图1-12）。同时极大地改善了空气的流动性，提高了室内环境的舒适度。

图1-10　黎居入口平台

图1-11　黎居内部

图1-12　船型屋外部环境图

金字屋式民居既有单间格局，也有双间格局和多间格局。在多间格局的空间中，会设置独立的厅堂，摆放有祭祀神灵或祖先的祭桌。与船型屋式民居相同，金字屋也基本不在墙体开窗，但有在屋顶开方形洞口的现象存在，尺寸不大，基本在30—40厘米之间，有些还会加装玻璃（图1-13）。对于较为狭长的单间格局，根据户主的经济情况，也会于儿子婚娶后在民居室内中间砌墙，分隔成两个相对独立的空间。对于家庭的女性成员，成年出嫁前在多格局民居中会分隔出单独的房间，并且独立开门，无需从正门出入（图1-14）。过去黎族传统村落的村子外围，也会搭建为单身青年女性使用的建筑，称为"隆闺"或"布隆闺"，是一种供青年一代完成求偶过程的独特建筑，这类建筑目前已经消失了。

图1-13　屋顶玻璃洞口

图1-14　黎族女儿房

（3）砖瓦房式民居

砖瓦房属于黎族地主或村落统治阶层的住宅类型，并不普及。中华人民共和国成立后，国家对于黎族传统村落民居安全性的要求不断提高，尤其在危房改造和新农村建设过程中，砖瓦房开始大量出现在黎族村落中。政府一般会提供无偿的建筑主材，多为黎族当地无法生产的现代建筑材料，人工则由村民自己担负。目前在黎族变迁的新址新村中，已经多为这种砖瓦房式民居（图1-15），也出现了联拼或独立式并存的现状。

（4）配属建筑与设施

①谷仓

黎族传统村落中的谷仓建筑是与船型屋民居同样具有浓郁民族风格的典型样式（图1-16—图1-19）。谷仓的体积相较船型屋更小，而屋顶的圆拱形葵叶屋顶样式则基本一致。其仿照低栏船型屋不在地面直接起墙体，而是先砌四个小基座或用石块代替，再由四根粗壮的柱子支撑起建筑体。从四根柱子的各个水平、垂直方向以木材进行连接，形成谷仓的基本骨架。墙面与船型屋墙体相似，

图1-15 搬迁后的新村居民

采用较粗的藤木作为墙体龙骨，再用搅拌草根的黄泥堆砌，但谷仓的墙体很多并不垂直于地面，而是自下而上呈弧形，也有先垂直1米左右后逐渐上弧。与船型屋不同，入口墙面左右两侧的横梁向左右外侧延伸更长，这也使得屋顶得以遮蔽更大面积的回廊。门的尺寸较小，成年人很难直立进入，室内地面选材多由厚约2厘米的木板组成，之上再涂抹一层黄泥或红泥，以提高密封性能，防潮效果较佳。门的下方也会增加独立的石块支撑，在粮食、谷物进出时与外延更长的葵叶顶一起，最大程度地保证粮食不受雨水侵袭。谷仓建筑底部与地面间距40—60厘米，主要是维持室内谷物的干燥，同时也成为小型家畜家禽休憩纳凉的绝佳地点。

②牛栏、猪舍与鸡舍

牛栏在文献记载中分方形与圆形，主要为露天形式。笔者自2007年开始考察黎族传统村落至今，尚未发现遗存的尚在使用的牛栏、猪舍与鸡舍，这些设施的形制多在刘耀荃先生所著的《海南岛黎族的住宅建筑》一书中有所记载（图1-20—图1-22）。笔者所调研的诸多黎族传统村落中虽多见耕犁等农具，但多锈蚀不堪，久未使用，田间所见农耕者已使用油气驱动的现代农具，偶见水牛散落村口，却未见下田耕作。猪舍的消失速度极快，源于其对生活环境的影响较大，目前笔者仅在五指山地区的黎族村落发现仍在使用的传统猪舍，多带木顶用以遮阳避雨。在一些作为美丽乡村建设的传统村落中，政府相关部门不允许在民居周边构筑猪舍。过去的猪舍多建在坡地，主要依靠雨水冲刷猪舍内的各类污物。猪舍用茅草挡雨，用木桩作支撑，以小型树干围合，以藤条横向加固捆扎。笔者调研期间只发现一种类型的鸡舍，即在船型屋正门屋顶延伸较多的葵叶，覆盖一定面积的地面，再以木条围合四周，这样的鸡舍与主人仅一墙之隔，便于日常照料。在刘耀荃先生的调研中有对黎族鸡舍更精妙的描述："黎族养鸡多用鸡笼，一般放在门廊处。陵水地区喜欢将鸡笼像鸟笼一样悬挂在门廊上，有些还设有特别的小梯，供鸡上落，式样别致（图1-23）"。[1]

图1-16　黎族谷仓（一）

图1-17　黎族谷仓（二）

图1-18　黎族谷仓（三）

图1-19　黎族谷仓（四）

[1]　刘耀荃.海南岛黎族的住宅建筑 [M].广州：广东省民族研究所，1982.

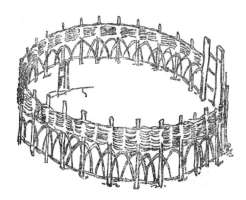

图1-20 牛栏

（资料来源：刘耀荃.海南岛黎族的住宅建筑 [M].广州：广东省民族研究所，1982）

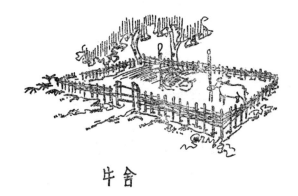

牛舍

图1-21 牛舍

（资料来源：刘耀荃.海南岛黎族的住宅建筑 [M].广州：广东省民族研究所，1982）

牛舍入门

图1-22 牛舍入口

（资料来源：刘耀荃.海南岛黎族的住宅建筑 [M].广州：广东省民族研究所，1982）

图1-23　鸡舍

（资料来源：刘耀荃.海南岛黎族的住宅建筑 [M].广州：广东省民族研究所，1982）

3.海南黎族民居"船型屋"的材料艺术

海南自然资源丰富，有各类木材、竹材，以及藤、茅草等天然民居营建材料。由于黎族各村落尚未掌握采石和加工技术，因此石材没有成为黎族民居的主要材料。材料采集一般在每年的秋、冬两季，一是因为在农闲季节时间可以保证，二是因为秋冬季节材料采集、堆放后不易生虫，材料中的水分相对较少，易于长期存放。[1]

（1）民居屋顶材料

黎族船型屋民居与金字形民居都采用茅草为主要覆盖材料，茅草又称葵叶，也称"白茅"。葵叶是一种防雨功效较好的植物，早在宋代就有对其遮雨功能的描述："蒻笠端能直几钱，骑奴不拟雨连天。盖头旋折山葵叶，擘破青青伞半边。"[2]可见宋人已经将葵叶与雨伞相比较。屋顶使用茅草覆盖需要经过几道加工工序方可上顶，葵叶切割与收集是第一步，要点是叶子的宽窄、长短尽量接近，而后成捆运回村落。第二步是将收割回的葵叶晾晒，并剔除不符合要求的杂草，晾晒完成前葵叶是不能淋雨的，因此大多会在村落周边搭建简单的带顶棚架，用于存储待处理的葵叶（图1-24—图1-26）。葵叶要将叶杆打整齐，每捆直径大约46厘米。最后也是最关键的一个环节是编织，它并非编织葵叶，而是利用藤将葵叶分成等

[1]　王恩.霸王岭黎族探源 [M].海口：海南出版社，2012.

[2]　杨万里.葵叶 [M].宋.

宽的束，每束直接用藤交错编织成条（图 1-27—图 1-29），远远看去似一条腰带横卧在葵叶丛之中，清代也称葵屋"黎、岐……皆环山起巢寨……自峒主一下咸采葵叶为屋，有如窝棚。"[1] 清代在干栏船型屋民居的记载中，也有相关描述："居室形似覆舟，编茅为之。或被以葵或藤叶，随所便也。"[2] 葵叶覆盖的屋顶厚度一般在 12—15 厘米之间，经过这种独特的编束，即使是被台风损毁的民居，其葵叶编束也基本保持原状，很少见有破损。屋顶承重结构在葵叶之下由经纬交叉的细树干或较粗的藤条构成，交叉点留有 10—30 厘米左右的空隙，经纬交错的结构由细藤条手工捆扎，以保持结构点不移位。所用的藤条有白藤和红藤之分，长时间的炙烤与雨水冲刷后其颜色多呈红褐色（图 1-30）。

图1-24 维护材料存放棚架

图1-25 维修材料存放棚架

图1-26 维修材料存放处

图1-27 葵叶编织细节

[1] 毛奇龄 . 蛮司合志 [M]. 清 .

[2] 张庆长 . 黎歧纪闻 [M]. 清 .

图1-28　葵叶层次细节

图1-29　葵叶编织细节

图1-30　捆扎葵叶所用藤条

　　海南霸王岭地区的黎族村民对于屋顶葵叶的收集有更加独特的方法。为了保证葵叶的来源纯正，即保证材料的规格、质量尽量一致，往往选择同一个盛产葵叶的山地，并做经常性的养护。

　　（2）民居墙体结构

　　黎族传统村落民居墙体普遍使用木架结构，均非承重墙，网格状交叉的木架用藤条捆扎，再用混入草根搅拌后的黄泥封闭，形成墙体（图1-31、图1-32）。由于使用的均为天然材料，这种墙体经长年阳光直射会产生龟裂和少部分脱落（图1-33—图1-36），但因黄泥中的草根起到了连接加固黄泥材质的作用，所以不会产生大面积的破损。这种材质的墙体在海南独特的气候环境下，会产生独特的纹理和色泽（图1-37—图1-40），该工艺与我国内陆白族等少数民族民居的接近。

图1-31 船型屋墙体(一)

图1-32 船型屋墙体(二)

图1-33 船型屋龟裂墙体

图1-34 船型屋龟裂墙体

图1-35 墙体一角

图1-36 少部分脱落的墙体

图1-37　独特的肌理效果（一）

图1-38　独特的肌理效果（二）

图1-39　独特的纹理色泽（一）

图1-40　独特的纹理色泽（二）

（3）民居基座

黎族传统村落多选址在山区、河谷或坡地，土质良好，可以满足一般黎族民居建筑的承重要求。常见的干栏式民居则需要下挖基坑进行单独加固，目前遗存和仍在使用的落地式船型屋多为轻质材料，无需再进行特殊处理。对于地基的平整，主要是较大土块的处理和较低局部的回填，也有在老宅地基上重建新房的情况。

传统村落民居多沿地势逐次而建，在坡地下方的民居可以保持基座土壤牢固，不会因常年雨水冲刷而危及墙体，但多年雨水冲刷会令地基下沉超过30厘米，因此要在土地表层用水泥材料加筑20—50厘米高的基座（图1-41—图1-46），这种处理的形式仅有20余年的历史，并非传统工艺。

图1-41　落地式船型屋

图1-42　谷仓外观

图1-43　黎族传统村落村民

图1-44　水泥加筑的基座

图1-45　船型屋外观（一）

图1-46　船型屋外观（二）

　　黎族传统村落民居由于结构相对简单，材料加工工艺并不复杂，营建的速度相对较快，黎族并没有专业的民居营建工人，一般材料多由房主自备，动工时村落中男性合力 3—5 日即可建成，但船型屋材料的使用周期较短，屋顶茅草葵叶大致 2—4 年即需更换一次，主梁 10 年左右更换，墙体则根据风雨侵袭的程度进行即时性修补。

室内地面的材料选择与墙面的泥土不同。船型屋墙面泥土多就近采集，要求不高。而室内地面则多选择黏土，需要在使用时尽量降低灰尘的散播，提高地表附着度，多从较远的山脚下采集而回。

（4）营造工艺重点

黎族传统村落船型屋工艺相对原始简单。第一步：将竹、木、藤等材质通过捆扎等方式制作成建筑的雏形框架；第二步，提前选择质量良好、规格相近的葵叶晾晒干；第三步，就地收集田间的稻草根，通过浸泡腐蚀至一定程度，3 天左右加入本地的土壤进行搅拌，呈块状后取出附着于建筑框架的墙体结构上；第四步，屋顶制作过程中利用已经备好的葵叶，通过竹条、藤条将葵叶进行一定规律的捆扎编织，使之连接成片不易拆毁，有利于抵御海南的雨季或台风侵蚀，这种纯手工加工而成的葵叶屋顶能够做到不漏雨，但寿命相对有限，在雨水多发区域，一般情况下两年左右即需重新更换新的屋顶材料。

黎族传统民居的船型屋顶结构需要架设椽子，选材上多用硬度较高的木材，也可使用毛竹。不像传统内陆民居的椽子结构，黎族民居的椽子更多意义上属于葵叶屋顶材质的龙骨或支架，使用藤条将经纬交叉呈网格状的椽子捆扎起来，形成葵叶的支撑结构，每根交叉的椽子间距大约保持在 20—25 厘米之间。

对于船型屋室内地面的工艺处理，村民会于地表夯实的基础上，反复地在黏土上洒水，并用脚踏方式加固，通过阳光的照射进行天然干燥，提高硬度。由此可见，在黎族传统村落船型屋的营建流程中，地表面的优先处理是较为独特的工艺流程之一。船型屋建筑的支撑，主要依靠屋内的木柱，由于黎族民居自身的历史传承和当下的客观条件，预埋木柱的洞深一般在 40—50 厘米之间，地面以上柱身高度为 3 米左右，直径在 20—30 厘米之间，木柱顶部需要削切成可以承载其他梁体的 V 形结构。这样居中放置的木柱一般需要三根。分别矗立在船型屋入口的立面、平行的墙体立面以及一个纵向轴向上居中的位置上。在黎语中木柱被称为"戈额"，比喻为男性，象征伟岸的形象与男性在家庭的地位。在其他两侧墙体的六个边角处，则矗立着 6 根同样的木柱，形成了完整的支撑结构基础。

第2章 海南黎族传统民居保护思路的探赜索隐

2.1 海南黎族传统民居保护的目标

1.延续海南传统民居的技艺繁衍

当下海南很多黎族传统民居村落因为搬迁新村而遭遇遗弃坍塌的命运，即将永远消失在人们的视野中。黎族传统民居"船型屋"正面临着消失的困境。现代生活方式也在冲击着船型屋，一些黎族村民迁出船型屋搬进砖瓦房，致使船型屋村落破败冷清，逐渐消亡。特别是自1992年起，国家出台政策改善少数民族群众的住房环境，海南省先后开展了茅草房改造和危房改造工程，例如保亭县境内已无传统的船型屋茅草房村落。海南个别村庄仅有的船型屋茅草房也因年久失修，即将倒塌。面对这一现状，海南应该保留一批黎族传统民居村落的原始风貌，就像北京的四合院、陕北的窑洞、傣族的竹楼、福建的土楼、湘西的吊脚楼一样，能够为后人、学者和游客留下海南黎族传统民居的地域建筑文化印记。

在政府政策的扶植下，白查村全村迁往砖瓦房新村（图2-1），利好政策的施行大大提升了白查村村民的生活品质。然而任何事物都具有两面性，一方面砖瓦房的内部居住空间空气对流、采光条件优于船型屋，搬迁改善了黎族村民的居住条件；另一方面，白查村整体搬迁带来了原始黎族船型屋村落"空心化"问题，人屋分离的状况给船型屋的保护带来了困扰。屋内需要炊烟"除湿"，维持立面墙体的密度。一方面，船型屋的外墙体和内部结构及屋顶都是易燃材料；另一方面，炊烟上升至屋顶，在给葵叶"除湿"的同时驱走鼠蚁，减轻其他因素带来的破坏。经过调查考证，船型屋缺少与黎族村民的共生环境后，3年左右便会坍塌破败。黎族船型屋营造技艺依托于黎族船型屋的存在才能得以继承与保护，船型屋在其不断的修缮设计中，营造技艺显得尤为重要。

2018年6月，国务院发布了第二批国家级非物质文化遗产名录，"黎族船型屋营造技艺"作为海南省第一个古传统民居成功申报国家非物质文化遗产。因此，海南省文化广电出版体育厅对这一国家级非物质遗产的保护十分重视，实施了一些具体措施。其一，在财政拨款方面，对白查村船型屋营造技艺分配保护经费；其二，海南省政府定期开展船型屋营造技艺培训班，培养技艺传承人；其三，利用白查村的地理和政策优势，开发具有民族特色的旅游文化项目以及延伸的文创产品，增加村民创收。

图2-1 白查村新村环境

自 2006 年开始，白查村从属的东方市及下级文化部门意识到船型屋营造技艺具有保护与传承价值。故基于此种植葵叶，以便营造技艺开展时的原料供应。举办船型屋营造技艺培训班、培养传承人等诸多措施皆是为了对船型屋营造技艺进行有效保护。在东方市，有关部门对江边乡白查村保留的 80 多座最完整船型屋开展恢复性保护。为了保护船型屋，传承船型屋技艺，2013 年东方市投入了 80 多万元，派工作人员驻村，联合村民除茅草，挖河泥，按照传统建造工艺重建恢复白查村船型屋。同时，积极引导村民，每家派出人手打理船型屋，定期施行船型屋营造技艺培训，使白查黎族村民能够传承延续技艺，管理昔日的家园。政府还恢复了白查村的通电照明，给每户村民发放 300 元补贴并赠送一部电视机，又把近 3 公里的山泉引回村里，白查老村又有了生机。2013 年 7 月，政府出资修复船型屋，并与农户签订协议，将船型屋的管理修缮工作分配到户。

随着船型屋保护力度的加大，曾一时颓败落寞的白查老村又有了生机，在吸引各地游客慕名前来旅游观光的同时，黎族村民纷纷抓住时机，削竹篾，编藤具，向游客出售黎族传统手工艺品，以增加收入。随着社会的进步发展，船型屋已无法适应黎族群众的现代生活，保留船型屋的外貌，对其内部进行改造，成为新的课题。

2. 继承与延续黎族传统民居的原生态设计

船型屋保护性设计的目的首先就是对黎族民族建筑文化价值的保存与保护。船型屋与黎族民族文化有着局部与整体的互为依托关系，继承它的建筑结构与外观设计可以更好地延续黎族的民族文化，丰富我国民族文化的多样性。建筑设计中船型屋的原生态材料与工艺等均反映了黎族民族文化中的建筑美学，以及民居设计学者对黎族民族建筑价值的社会认知。

船型屋是黎族先民在海南岛特有的自然环境和气候条件下，经过长期的生产和生活实践形成的一种独特的建筑形式。几千年来，黎族人民都将以木材、茅草、稻草、泥巴为主要建筑材料的船型屋作为最佳的居所，船型屋在建筑上的就地取材和实用功能充分体现了黎族先民的聪明智慧。因此，从外观到内部结构和使用功能都应该保留船型屋的原生态设计，用继承与延续的眼光遵循"修旧如旧"的设计原则。

船型屋的原生态保护主要侧重于修缮加固，修理损坏和残缺的部分，将传统民居恢复原貌是整修的原则，包括外表面、屋顶和墙体等。同时对建筑物结构进行加固，以提高建筑物的安全水平。然后进行立面修复、屋顶茅草的更换等工作，使其尽可能地保持原有的建筑风格。对于倒塌和破损严重，但却具有保护价值的建筑物，有必要重建原址。在重建过程中，应尽量使用原始或类似的建筑材料和技术，恢复原有的建筑风格。更重要的是船型屋的情感价值得到了保存和延续。

船型屋的保护性设计在具体实施时应遵循其原生态建筑形式与美学价值。黎族聚居地虽然有十分丰富的天然石材，但由于黎族村民不具备利用石材搭建民居的技能，只能广泛使用易于采集加工的木材、竹子、葵叶等建筑材料。船型屋的墙身结构多数为茅草木架结构，屋盖结构呈半圆拱形（类似倒扣船篷），在其上层叠有序地铺满晒干的葵叶。将上述建筑元素融入现在和将来的民族建筑中，能很好地诠释黎族建筑文化，保存黎族区域独特的建筑风貌。

　　在国家政策和民居学者的保护关注下，各界加强了对船型屋的曝光度与研究深度。保护在船型屋修复和船型屋元素的环境艺术景观设计两方面进行。船型屋是黎族传统文化象征，白查村旧村内的船型屋受到了越来越多的关注，并被评为国家级少数民族非物质文化遗产重点保护对象。在政府投入专项保护经费的情况下，船型屋的修复现状相对乐观（图2-2）。目前，它的修复保护主要还是依托于政府专项保护资金的注入，资金分配到黎族原住民后，在扶持村民加强日常管理的同时，还加强了黎族村民保护旧村船型屋的积极性，并且相对有限地延续了黎族村民与船型屋的情感交互，使得船型屋的保护形成了一个较为良性的循环。只有黎族船型屋遗存现状得到了有效保护，依托船型屋元素的环境艺术设计才有可能延续设计的原生态与活力。

图2-2　白查村现状

3.现代城镇人居环境中的可持续应用

（1）城市化和城镇化概念辨析

城镇化起源于城市化，但它与城市化不同。即使当今社会所提出的新的城市化概念也与城市化存在着明显的不同。而城市化至少有两层含义：第一是从农村到城市地区的人口集中过程；第二是将城市化定义为人口从第一产业向第二、第三产业转变的过程。这个定义可以弥补第一个定义所创造的不完整的部分，并且结合两个层次的内涵。城市化在人口从农村到城市的过程中，会将城市生活方式、城市文明等元素应用于农村生活。

（2）国内外现代城镇化研究综述

西方一些国家在城市化之前受到多重因素影响，它们通常遵循城市化的道路，出现多数人口和非农产业向大城市的转移，这样就造就了一些大城市迅速繁荣，例如：纽约、华盛顿等。这种以城市为中心的城市化模式，在当今社会已经为人们所熟知。在这种模式下，小城镇还是被人们所忽视，直到城市化出现的后期才被提到相对重要的位置。

笔者对我国近代城镇发展史的研究发现，我国的城市化发展在一定程度上与城镇化发展并无本质上的区别。我国自古以来以农业和手工业为主，大量的农村人口在城镇建设后由乡村向城镇转移和搬迁，以城镇为基础点与主要城市连成线，形成如今的城市化。但是中国的国情决定了经济发展的主体地位，城市化的结果必将导致城市人口的密集以及经济水平的激增，病态的土地划分以及人口密度使得"大城市病"崭露头角。所以在宏观政策的调控上，我国进而将城市化发展的目光投向了土地资源、人口条件更为合适的城镇。目前城镇的定位作为农村与大城市的过渡区，给广大农村以及忍耐着大城市所带来的压力的年轻人以更优选择——流畅的市内交通、低密度的人口分布、性价比更高的土地资源。至此，以发展小城镇为主的新型城市化模式，使得我国小城镇的数量在20世纪80年代从2664个猛增至18200个。

人居环境所强调的主体是人，即以人为中心，一切设计的初衷都是为了服务于人民，现代城镇人居环境的建设非常重要，但是现代城镇建设免不了复杂的程序和持久的周期，尤其长期受计划经济的影响，城乡关系受到严重束缚的情况限制了城市化的发展。近些年来，我国对城镇化建设给予了高度重视，并且强调民族文化的可持续发展。

（3）海南现代城镇人居环境建设的历史与现状

查阅海南的历史图景可以看出，自成立经济特区以来，海南的现代城镇发生了天翻地覆的变化。农村原本泥泞不堪的泥土路被一条条平坦的柏油路所替代，宽敞明亮的小平房取代了以前低矮的瓦片房，曾经古老的桥梁已经成为一座高大雄伟的立交桥，村庄周围绿树成荫，宁静而美丽；在城市里，新建筑层出不穷，极大地促进了经济发展。

在过去的几十年里，海南重视城市和农村的发展，特别是近年来，将城市化作为发展的主要推进目标，美丽乡村建设也成为海南建设工程的重中之重，这种模式不仅促进了城市集群协调发展，也逐步缩小了城乡差距。也就是说，如果可以改善农村的人居环境，把民族元素和文化应用于现代城镇中去，可持续发展的道路将会愈加顺畅。

（4）现代城镇人居环境可持续建设的对策

大多数民族都有各式各样地域性的元素与文化，目前对于相关民族元素的可持续传承主要分为两种模式：第一，静态传承，即把民族特有元素以视频、录音或者文字记录的方式记录下来，然后再把与民族的代表性工艺作品进行收集，共同存放或者以博物馆的形式展出，如对黎族传统的服饰、器具、建筑元素进行整理等，这样的传承方式虽然使少数民族地域性元素以相对完整的形式传承下来，但是随着时间流逝，民族传统元素只能作为一种文化遗产的形式存在，并不能产生更多的现实意义，同时文化本身也难以得到真正的继承和发展；第二，活态传承，即在现实社会中继续发挥民族地域元素的现实功用，使其在时代变迁中依然存活于现实社会中，即具有可持续性。由于民族地区的市场经济发展，民族地域性元素的活态传承很难依靠原来的自然传承模式循环下来，必须要有相应的经济收益才能使更多的人参与到文化传承中，因此民族元素的可持续必须进行经济转化，获得一定的产出效益，如黎族中寥村通过整村美丽乡村建设带动的旅游经营获得了相应的经济收益，而这种相对稳定的经济收益也使得村民能够安心传承，可以激励更多的人参与到民族文化的传承中去。

对任何一个民族来说，在设计感知方面，优秀和具有继承性的民族元素和文化都无不例外地存在着。从极其寒冷的北欧国家突出对温暖和阳光的渴望，到日本在贫乏的自然资源环境中所彰显的设计魅力，这些场景下所描述的设计师都能够表明发展民族性设计的重要性，设计中需要设计者深入挖掘和传承本土性元素。在日本的环境标识设计理念中，我们可以观察到它的设计思路都来源于自己本民族的建筑，拥有独特的装饰风格，内拉式门和榻榻米；屋顶平整而宽大；横纵的简单线条是设计的基本形式，建筑与自然十分融洽地结合在一起。日本国家占地面积狭小，对建筑形式在设计上有一定的要求和限制：视觉感受的宽敞性、样式的简洁性以及居住空间的精致性。所以环境标识设计在日本，其包含的建筑在设计上的要求都有着十分明显的延续和继承。从当今日本的环境标识中可以看出，日本正处在一种西方风格与本民族格调相融合、现代理念与传统文化共存的状态。就像近几年来，海南一直在推进建设现代城镇化，将城市化的宾馆转化为乡村的民宿，在民宿中体现自己村落的特色元素和文化；将市区的书店运用于乡村，通过书籍传达自身的民族文化，这些内涵的文化和元素都与日本的环境标识产生共鸣，这种美丽乡村的建设模式将城市化与自身民族特色结合在一起，既满足现代化的生活环境，也将民族元素应用于人居环境，达到民族元素的可持续。

对于民族传统元素的可持续传承，云南民族村作为全国著名的民族文化主题公园，拥有绝佳的地理优势，建筑规划设计意愿是以少数民族本土的生活场景以及村民的生活风貌等独特的因素进行设计的，希望可以通过运用独特的民族元素保持民族最本初的样子。云南民族村致力于凝聚云南少数民族地域性的文化习俗、民族性的居住建筑、独特的民族艺术，宗教信仰和生活环境，意图营造出一种可以代表自身民族特色的主题公园。在云南民族村中，村落建筑大多以民居为主，设计师会严格地按照村落以往的比例进行复原，试图通过这种展示形式体现民族的整体风貌，给游客带来最直接的视觉感受与文化体验。云南民族村在运用原生地村寨的元素和文化时，并没有刻板照抄，而是复制最有代表性的一些建筑风格，用简洁提炼的方式营造民族村中多元化的地域性民族文化氛围。这种做法在黎族中也有多体现，黎族白查村作为海南目前村落保护最好的村落，在政府的定期维护中保存了原汁原味的船型屋外观，将原村落的风貌保存和传承下来，带给参观的游客最直观的视觉感受和民族文化体验。

在现代城镇人居环境汲取黎族传统元素方面，三亚亚龙湾瑞吉度假酒店外观设计采用了黎族船型屋自身独特的外观结构，船型屋的屋顶像一个倒扣下来的船身，船舱向下，船底向上，房屋的墙体被上面的屋顶包在下面，这是对黎族民居的一种隐喻性的设计手法，船型屋的屋顶材料是葵叶编制而成的，海南出产葵叶，所以用葵叶作为建筑的原材料不仅降低了建筑成本，而且就地取材，十分方便。这种独特的船型屋结构是海南热带滨海城市建筑的鲜明特征。在考察中，航拍酒店整体外观，其船型屋的造型十分独特，极具民族风情，漫步在沙滩上，一排排木质遮阳伞的伞顶借助茅草材质增添了浓郁的地域风格，黎族民居的墙体肌理效果是其设计中最为独特的装饰风格，常用于建筑的外墙装饰，给建筑增添了一定的设计美感。

海南作为祖国最南方的岛屿，拥有独特的地理位置，黎族作为海南的土著民族，其传统的民族元素和文化得到了有效的保护。近年来，海南省以"美丽海南百镇千村"建设、生态环境整治工作为出发点，不断改善农村生活环境，将海南黎族特有的民族元素应用于现代城镇人居环境中。2017 年年底，海南省政府投入数亿元，意在改善农村人居环境，基本建成海口市茶村、三亚市中廖村、琼海市沙美村、南强村等数百个美丽村落。村落中的居住环境有了极大的改善，卫生条件也明显好转，农村基础设施也在不断改善中，随着城市化的不断完善，海南省现代城市人居环境建设取得了一定成效，并且在越来越多的城镇建设中注重民族文化的应用和传承。

2.2　海南黎族传统民居保护的价值

1. 大自然的馈赠——生态永续利用

我国传统民居建筑形制丰富，它们各有其所承载的功能。有学者认为传统民居指的是那些乡村的、非官方的、民间的、一代又一代延续下来的、以居住为主要功能的"没有建筑师的建筑"。就目前对传统民居的界定看，已不拘泥于乡村，凡是历史传承下来有特定建筑风格并载有历史、文化等信息的，不论在城镇还是乡村，均可看作传统民居。[1]

生态文化是从人统治自然的文化过渡到人与自然和谐共生的文化。它讲究物质、能量以及信息之间的有机结合，并在三者之间循环发展。黎族村民主要聚居地在海南省中部及南部，其中南部地形多变，黎族多聚居在南部的山地、丘陵、盆地、峡谷以及滨海平原。自然资源尤为丰富，良好的气候和肥沃的土地植被对

---

[1]　葛朝辉，赵丹青. 简述中国传统民居 [J]. 科教文汇，2008，8：258.

黎族人民的生活习惯和文化有着必然的联系。黎族传统民居是黎族传统文化组成的重要一环，这种传统建筑造型流畅，古朴稚拙之美体现了人与自然的和谐统一。

法国为了保护传统古村落的原始传承，提出了生态城镇的概念，即在古村落周边建设新型社区，保持原有村落的基础不变，鼓励原始居民保护传统建筑，政府在背后对古建筑以及民俗特色的保护行动予以强大的经济支持。中国近些年对传统民居的保护也越来越重视，黎族船型屋的建筑材料皆就近取材，随着生产力的提高，船型屋演化出落地式和干栏式，除了传统的船型屋外还有其他特色形制的建筑。例如：谷仓、"隆闺"、山寮等。这些特殊形式的建筑都是黎族村民在长期生产斗争以及实践活动中创造出来的，因此保护黎族传统民居船型屋就是遵循人与自然和谐相处的价值取向。

船型屋（图2-3、图2-4）是黎族先民在海南岛特有的自然环境和气候条件下，经过长期的生产生活实践形成的一种独特的建筑形式。它区别于金字形茅草屋，在台风多发、暴雨频繁的海南岛具有更好的防御功能。几千年来，黎族人民都将以木材、茅草、稻草、泥土为主要建筑材料的船型屋作为最佳的居所，船型屋在建筑上的就地取材和实用功能充分体现了黎族先民的聪明智慧。随着时代的发展和建筑材料的更新换代，黎族村落的民居也从土木草结构的船型屋、金字形屋演变为砖瓦结构的瓦房，进而演变为钢筋混凝土结构的小楼房，黎族曾经的传统民居船型屋在形式上正走向消失。

图2-3 黎族村落初保村图

图2-4　初保村黎族船型屋航拍图

黎族聚居地自然环境优越，具有丰富的天然植被，因此造就了独特的建筑材料。红白藤、竹子、葵叶、茅草、木材等建筑材料具有独特的生态地域性，有别于其他传统民居建筑用材，也造就了船型屋独特的建筑风貌。值得一提的是，船型屋主要构造是直通屋内的直梁，20世纪早期的少数船型屋直梁建筑材料能够发现选用的是海南黄花梨，海南黄花梨一般生长在海拔350米以下的山坡上，名贵的黄花梨主要生长在黎族聚居地区。目前已基本无法发现这一珍贵木材在黎族民族中的使用。特殊的建筑历史因素造就了船型屋独特的建筑价值。黎族作为海南岛的原住民，其船型屋即是人与自然和谐发展的历史见证，保护黎族的生态文明也是顺应国际民居环境文化趋势背景下刻不容缓的事情。

2. 五大方言共同体——民族文化发掘

在地理环境学科里，把人类社会的文明类型及其差异定义为自然地理环境。但是我们不能忽视的是，人为因素在人类文明社会进程中具有的作用和意义。马克思与恩格斯合写的《德意志意识形态》中提到了历史唯物主义的基本原理，阐述了生产力和生产关系发展的客观规律。他们还提出决定人类历史关系的三个因素：第一，生产物质生活资料是一切历史的基本条件；第二，人类满足需要的活动和已经获得的为满足需要所用的工具又引起新的需要；第三，人类自身的生产，即增殖。这从某种角度上也阐释了人类随着物质生活的需求与自身的发展将会自行衍生出更复杂深刻的社会行为与社会关系。在特定的历史时段，某一文化圈的中心总会出现一些问题，特别是当战争、自然灾害等紧急情况发生，就会出现部分人群从中心向边缘移动的情况，部分人群的流动相应地形成了文化的流通，久而久之人类的语言、行为模式与血缘亲宗等关系固定后，这类人群便具有了民族性。[1] 之后，人们根据自己的文化特性创造出属于自己民族文化的附加价值——如节日、艺术、建筑风格等。

与其他类型建筑古迹的保护时间相比，中国历史文化村镇的保护基本上同步开展。然而，最初人们对于历史文化村镇——这类大多处于穷乡僻壤的建筑的保护价值没有充分的认识。到目前为止，学术界在传统城市的发展与研究领域出版了一定数量的有关历史文化名城研究和古代城市研究的书籍，先后由政府确认公布了 118 座历史文化名城。与之相反，对于坐落在岛屿上的古民居，真正系统的关注和研究相对而言就少了很多。在一段很长的历史过程中，海岛古民居的发展和保护相较于普通的历史文化名城、文物保护单位和历史文化街区等要远远落后。实际上，开始对海岛古民居进行针对性的保护与研究，中国大约只有 10—20 年的时间。

1985 年，中国成为联合国教科文组织的世界自然与文化遗产组织的一员，并逐步完善了城市历史文化遗产保护体系，以及历史文化村镇、文物保护单位等系统。1986 年，国务院提出，对于能够充分地反映一定历史时期的传统风貌和民族特色的地方建筑、小镇、村落、街区或文物古迹比较集中的村落等也应当予以保护，这是第一次涉及保护历史悠久的城镇和村落。通过对于其科学价值、艺术价值、历史价值等的研究和判断，授权核定该地区为地方各级历史文化保护区。建筑历史方面的几位专家从 20 世纪 90 年代初就开始主张，从本土的建筑角度出发，重点对古村落进行调研，而在其他方面涉及甚少。对古民居的研究应当从不同的角度看待问题，通过不同学科的配合解决问题。

海南少数民族民居文化是中国少数民族民居艺术中的一员，也是世界民族民居文化中不可缺少的一员。对于我国南海地区的民族存在与主张有相当的衍生价值。由于民国时期海权意识薄弱，没有明确海南对南海的管辖权。海南与南海具有相互依存、不可割裂的地域关联性，因此黎族船型屋作为珍贵的海南民族文化，

---

[1] 林进平.《德意志意识形态》研究 [M]. 北京：中央编译出版社，2014.

对南海文化资源的完整性具有十分重要的意义。

2003 年 11 月，为了对中国的优秀历史文化遗产进行更加合理、有效的发展和保护，更好地促进特色传统文化的传承，政府部门公布了第一批中国历史文化名村名单。到目前为止，已经陆续进行了三批历史名村的认定，对于古村落的保护工作帮助很大，那些被评为全国历史文化村的古村落身上肩负的不仅是一份伟大的责任，也是一种荣誉。发达国家和地区完成城市进程以及发掘到海岛的古村落文化遗产价值的时间比较早，并且建立了一套完整的政策，法律和法规。民间力量和政府组织的科研团队形成了一个整体的海岛村落遗产保护系统。如今在日本、韩国以及东南亚的许多国家和地区的现代化建设中，在乡土建筑的保护和可持续发展方面纷纷取得了一些非常有益的经验。站在法律和法规的角度来看。20世纪 30 年代，法国发布了《风景名胜区保护法》，指出对古村落的历史和文化价值应积极进行保护，这是第一部关于保护历史村庄的国家法律。20 世纪 60 年代，威尼斯发布《国际遗产保护与修复宪章》,正式对建筑历史遗迹的概念进行了规定，指出对古迹的保护和修缮应当充分地利用各种先进的科学技术。20 世纪 70 年代，在保护自然文化遗产方面也制定了一些相关规定，从人文、科技等各种角度倡导，具有突出价值的历史建筑、古迹、遗址等要列入世界文化和自然遗产的名录。通过以上方式，加强对古村落文化的保护。

20 世纪 60 年代后期，在实践行动方面，日本民间展开了以保存文化为目的的"造街运动"，该运动对日本文化的传承产生了深厚影响并使大量的历史民居在特殊的发展时代得到了保护。在日本，由地方居民发起保护是村镇保护和规划的核心。当地居民自行喊出了关于村落建筑文物等"不卖、不拆、不租"的口号，并且积极引导所有的百姓投入于村落的保护运动之中，这项运动是如今日本能够将传统生活状态、文化民居建筑延续到今天的重要历史原因。而德国人在对村落进行更新与保护前做的第一件事，是建立一套严谨科学的规划基础，并且把历史村落遗产保护的社会责任重心放在年轻人身上，成立相应的遗产保护机构，积极提倡年轻人加入遗产保护行列。美国对于其最著名的旅游岛屿——夏威夷的村落生态文化保护同样由来已久。夏威夷生态旅游协会于 1995 年正式成立；2002 年，夏威夷可持续旅游研究组在美国政府的支持下组建，小组成立的主要目的是保护和发展当地的自然与人文环境;2005 年政府又制定了"夏威夷 2050 可持续规划"，在规划中明确地指出环境保护、文化保护和遗迹保护是夏威夷美丽旅游资源发展的重要依托。夏威夷的传统民间文化和丰富多彩的艺术形式是重要的旅游资源，而这些资源存在的基础就是夏威夷本地原始的生活生产方式与生态环境。美国政府在大力发展夏威夷岛旅游的同时，非常重视对原住民的传统村落以及生产、生活境况的保护。

加快保护海南黎族民居是目前海南发展的重要目标与任务之一。然而构建一个和谐、健康、有序的历史传承，需要依靠文化上的熏陶与教化、激励，通过其凝聚、整合作用，发挥文化在保护和经济发展中的融合、助推和支撑作用。如今，海南自由贸易区建设正经历着蓬勃发展的阶段，但是黎族民居研究与保护却没有完全跟上时代的步伐。海南黎族传统民居保护这一细分的研究方向，在现阶段基本上还是处于自生自长的状态，人们应对此予以重视与关注。此外，对于黎族传统民居的保护也需适应社会的现代化发展要求。

少数民族民居研究为深入研究基础建筑的多样性开辟了新的范式，且扩充了民族学与人类学的研究领域。少数民族民居在当下主流的建筑体系研究中是少数的存在，也是特色的存在，其稀缺性奠定了其重要性。但随着现代社会经济的发展、生产力的飞速提升，以及当代与传统的碰撞，我们难以"纯粹"地看待传统民居的风格与文化。对于传统民居文化的保护是多种学科体系的融合，不能只是孤立、单一、片面化的保护，要运用现代的手段保护过去的民居文化。

少数民族民居的保护与衍生的合理开发，也是民族共同体不断融合与形塑的过程。海南黎族民居的发展与保护可视作中国少数民族民居保护的一个缩影，同时黎族民居的保护与发展策略也是少数民族保护共同体历史演进的典型案例。

3. 地域凝练的精粹——非遗文化梳理

2008年，第二批国家级非物质文化遗产保护名录公布，海南黎族船型屋营造技艺名列其中。为此，富有地域特色、民族特色的黎族传统民居备受社会各界关注。黎族船型屋建造技艺作为我国非物质文化遗产，其价值主要表现在三个方面：一是体现黎族传统文化和传承黎族精神的历史文化价值；二是展示和传承黎族建筑智慧和独特审美的科学艺术价值；三是丰富旅游资源，促进经济发展的人文旅游和经济价值。

黎族船型屋的外观酷似一艘渔船，是黎族最古老的民居之一。屋顶采用当地的茅草层层覆盖，表现出了鲜明的海南地域特点和独特的黎族特色（图2-5）。然而，随着海南经济的快速发展，黎族同胞的生活水平普遍提高，他们对居住条件也有了更高的要求。黎族地区的居民对传统民居都进行了改造，使得保留完好的船型屋日趋减少，船型屋的建造技艺也在逐渐消失。目前，在海南，只有白查村等少数几个黎族村落较好地保留了船型屋的营造技艺。从非遗角度研究黎族传统文化，进一步认识黎族传统民居作为非物质文化遗产的价值和地位，对保护和传承黎族船型屋营造技艺，弘扬黎族传统文化具有非常重要的意义。

图2-5 黎族船型屋

（1）非物质文化遗产的内涵

什么是非物质文化遗产？世界教科文组织以及我国的遗产法都有明确的定义，学者普遍认同的定义是——非物质文化遗产是指各族人民世代相传的、与群众生活相关密切的各种传统文化表现形式和文化空间。[1] 由此可以看出，所谓非物质文化遗产，究其实质而言是一种有着独特文化的珍贵遗产，是我们祖先通过

---

[1] 齐爱民.非物质文化遗产的概念与构成要件 [J].电子知识产权，2007，4.

日常生活代代相传而保留至今的文化财富。但就形式而言，它是非物质的，是以意识形态存在的一种文化表现。我国的非物质文化遗产内涵丰富，不仅包含传统的文学、戏曲、音乐、美术，还包含手工技艺、民俗、医药等内容。黎族船型屋营造技艺是传统手工技艺类非物质文化遗产。

海南岛地处我国最南端，属于热带气候。据考古学家研究，黎族人在殷周时期就已经在海南岛定居，是海南岛最早的原住民。黎族深厚的历史文化积淀，集中反映在黎族人的生活和生产方式上，黎族传统民居成了黎族文化最具代表性的载体之一。其中，船型屋在黎族传统民居中使用最为普遍。可见，黎族船型屋是海南岛特殊地域凝练的精粹，具有明显地域性和可识别性。船型屋呈现给世人的是黎族人的传统建筑技艺，蕴藏着黎族悠远的历史和厚重的文化，它是黎族同胞历代生活方式的见证，更是最具特色的国家非物质文化遗产之一。

（2）海南黎族传统民居作为非物质文化遗产的价值体现

非物质文化遗产是各族人民在长期的生产和生活过程中形成的文化积淀，是人类的"活态灵魂"，它丰富的文化内涵和独特的民族精神对人类生存与发展有着重要的意义和无法取代的价值。

①历史和文化价值

黎族传统民居体现黎族传统文化，传承民族精神。人们的生活方式与社会文化是密不可分的，生活方式是人们最频繁的社会活动，是当时当地社会文化的实景呈现。黎族传统民居有着丰富的历史文化底蕴,透过独特而古老的船型屋，我们可以探究黎族这个古老少数民族悠久的历史和多彩的文化。流传颇广的丹雅公主美丽传说讲述了船型屋的起源。它告诉我们黎人的先祖是从大陆驾船渡海而来，然后栖居在美丽的海南岛。我们知道黎族先人过的是水居生活，这种生活方式世代相传，延续千年。他们常年生活在船上，所以对船有敬仰，也有依赖。船是黎族人得以生存的重要工具，在他们心中有着神圣的地位，难以割舍也无法取代。即使后来黎人由水居变成了陆居，也仍然保留了船形的房屋结构形态，这符合他们的生活方式，也让他们心灵有了依托。因此，就像武士的佩剑有"剑道"、"剑魂"一样，以"船"为主要元素的船型屋也代表了黎族的精神，是黎族同胞的心灵家园。

船型屋是黎族人世世代代适应环境，辛勤劳作并与大自然和谐相处的具体表达形式，它承载了黎族的历史，见证了黎族的发展。作为非物质文化遗产，船型屋展现了海南黎族人独特的表现力和创造力，呈现了黎族人独特的生产生活方式，反映了黎族人的世界观和人生观，包含着深刻的文化底蕴，表现出特色鲜明的民族记忆和民族精神。

②科学和艺术价值

黎族传统民居展现了黎族先祖的建筑智慧，诠释黎人的独特审美。民居建筑只有兼具科学性和艺术性才能独树一帜，流传千古。无论是北京四合院还是皖南民居，或者是福建土楼、侗族鼓楼都是科学和艺术完美结合的典范，黎族船型屋也不例外。黎族传统民居船型屋的屋顶呈圆拱形，铺满了茅草，茅草层叠铺盖以后就能最大限度地起到瓦片的作用。房檐低矮，几乎与地面相接，远远望去很像一艘倒扣的渔船。船型屋四周没有窗户，但在"船头"和"船尾"开了门。这种建造方式能快速将雨水和风力分流，使雨水直接顺流到地上，迅速降低雨水和风力对屋顶的压力，减少对建筑的破坏，符合流体力学原理。所以，船型屋因其科学的建筑方式使之能够承受海南多风多雨的环境，具有防风、防雨、防寒的作用。国外民居中屋顶也用茅草铺就的还有日本白川乡的合掌式民居建筑。白川乡的居民为了适应这里常年下雪的恶劣环境，将屋顶设计成酷似双手合十的三角形，以便积雪可以顺着倾斜的屋顶自然滑落，防止屋顶被积雪压垮。这种设计与船型屋有异曲同工之妙。海南船型屋的底层是架空的，一层饲养家畜家禽，二层住人。这种架空结构让人的生活起居离开地面，能防湿、防虫、防兽。世居海南的黎族人在环境恶劣、经济落后的情况下，因地制宜地建造出既能遮风挡雨，又能隔热防寒，还能抵御虫蛇猛兽攻击的满足日常生活需要的多功能房屋，这不仅展示了黎族先辈高超的建造技艺，更加体现了他们的勤劳智慧。

从艺术的角度看，日本的合掌屋，屋顶的设计为三角形，有大有小，错落有致，非常好地体现了日本原始的建筑风格。而黎族船型屋外观简单古朴、线条圆润流畅，浑身散发出一种自然和谐、淳朴而神秘的美。黎族船型屋的结构特征经过现代设计手法处理后，形成了诸多可以代表南海地域建筑外观形象的元素，被广泛运用到海南现代建筑设计当中，让海南建筑既具有典型地域特点，又彰显出浓郁的民族风格与艺术特色。这也说明黎族船型屋有其独特的艺术价值，黎族人的艺术审美由此可见一斑。

③旅游和经济价值

黎族传统民居能丰富海南旅游资源，带动经济更快发展。文化和旅游是不分家的，将文化和旅游融合在一起，能有效地催生旅游经济效益。黎族的传统民居是黎族同胞在长期生活、生产的过程中适应自然环境的智慧结晶，真实地反映了黎族同胞的历史生活状态，蕴藏着古老的黎族文化和民族精神，带有浓厚的民族和地域气息，具有独特的魅力和超强的吸引力。因此，黎族传统民居能够丰富海南的旅游资源，带动经济更快发展。

随着社会进程的不断推进，很多黎族同胞也陆续搬离原来居住的古村落，黎族传统古村落在慢慢衰败，船型屋也人去楼空。在海南省，能够完整地保留黎族船型屋的是白查村，它被称为"黎族人最后的精神家园"。在船型屋营造技艺列入非物质文化遗产之后，白查村备受外界关注，吸引了诸多知名学者来该村考察研究，还有很多艺术家——画家、摄影家来此地采风。由此可见黎族船型屋的独特魅力、黎族文化的独特魅力。这种魅力就是提升海南旅游人气的最大亮点。

海南地处热带，自然条件得天独厚。清澈蔚蓝的海水、迷人的沙滩、繁茂且神秘的热带雨林，自然风光美不胜收，已然成为人们心之神往的度假胜地。这是海南岛这片特殊地域凝练的精粹，环顾全国仅此一处，无人能及。而黎族古村落、黎族船型屋就像这美景中镶嵌的一颗宝石，赋予海南旅游以民族和文化的特征，带给外来旅游者更丰富和深层次的体验。海南的地域特质和民族特色相互碰撞，和谐相融，让游客在享受自然美景的同时，有机会探寻古老的黎族文化，感受黎族人的淳朴和热情，极大地提升了旅游的内涵和品位。

发展旅游离不开文化元素，旅游业的重头戏就是文化旅游。将非物质文化遗产船型屋作为旅游项目进行科学有度地开发，可以推动海南旅游业的发展，获得更好的经济效益。当然，旅游产业开发可以是多渠道多方面的，作为非文化遗产的船型屋，自身有着独特的文化特征，它更是旅游产业开发取之不尽的宝贵资源。

在非物质文化遗产保护专家的眼中，黎族船型屋是有生命、有精神的，是一种珍贵的建筑技艺，也是黎族发展史的见证。因此，黎族船型屋是"不可复制"的建筑经典，而船型屋营造技艺则是"不可复得"的文化精髓，它不仅具有物质价值，更具有珍贵的精神层面的价值。当下，我们应做的就是心怀敬意地保护它，保护它所承载的黎族文化元素，就是保护黎族人最后的精神家园。当然，对于非物质文化遗产而言，最好的保护就是传承，努力传承这种珍贵的建造技艺和独特的黎族文化，并将它融入现代城市建设当中，让非遗文化在新时代焕发出生机和活力。

4. 可持续设计价值——现代功能转译

绿色设计是 20 世纪 80 年代末端出现的一股设计潮流，主要目的是要做到中国道家思想提出的"人与自然的和谐相处"，最大限度地减少用于设计产品和物品周期的环境危害，并走可持续发展的道路。在 1987 年《我们共同的未来》的报告中提出了可持续发展理论，把可持续发展作为我们发展的久远目标。达尔文在《物种起源》一书中提出"物竞天择，适者生存"，随着整个社会的不断发展，"仓廪实而知礼节，衣食足而知荣辱"，人民日益增长的美好生活需求与不平衡不充分发展之间的矛盾已经成为社会的主要矛盾，再生设计就是在这种环境中运用而生的，它的理论来源受到了绿色设计、可持续发展理论的影响，将会给我们的生活注入新的美学价值，增加我们的文化意识，以达到人与自然和谐的效果，是最环保的道教"天人合一"。

1）海南黎族传统建筑形式

黎族聚居区主要分布在我国的海南岛，正是因为岛屿的相对封闭和独立，黎族的传统文化中许多的古代文明信息和艺术形式才被保存下来，其中最具代表性的就是黎族的船型屋式民居（图 2-6），船型屋是黎族最古老的民居模式，总体特征是在屋顶有着明显的相似性，类似一个上下颠倒的船体，线条简单粗糙，寓意性极强的外观，鲜明的海南本土材质。使用海南长条形茅草，再结合筛选过的树枝，经过手工编织后呈现出来的是艺术和实用性相结合的独特的建筑外观样式，船型屋的材料具有防潮和隔热的效果，取材也十分便捷。传统黎族民居的墙面选用了最为朴实的建筑材料，用泥土和草根搅拌后，通过阳光炙烤就成为较为稳固的墙面。对于我们身边能够观察到、接触到的黎族传统民居建筑，我们既要保证它的原始性，又要将它与当下艺术设计相结合，设计出既能保存传统民居的风貌特色，又能满足当地村民对现代生活需求的建筑。传统船型屋的建筑材料耐用性差，易损坏，不利于长期保存。通过再生设计演绎、拼贴等手法对黎族船型屋顶的结构不断完善和开发，保证了黎族同胞在过上现代化生活的同时，仍然保存了传统民居建筑的原始风貌，而最具有代表性的船型屋造型在大量现代商业建筑中经过不同的抽象，变型处理手法得到不断应用与改良，同时把具备极强肌理特色的墙体形式作为外墙的装饰手法保留下来，经过保护、修缮、开发的良性循环，黎族传统民居必将成为地域优势条件中文化历史沉淀最久、艺术性与可塑性最强的文化符号。

图2-6　黎族船型屋式民居

2）文化自信作为可持续设计的动力源泉

海南黎族民居在可持续发展下不但体现了博采众长的博物文化艺术，更是人类生活方式与自然环境完美和谐的产物。"欲人勿疑，必先自信"，首先需要加强对黎族文化的挖掘，大力推动黎族文化精神，让黎族同胞为自己的文化感到自豪，增强对本民族独特文化的认同感。海南黎族文化资源广，这有利于弘扬黎族文化，提高黎族人民的爱国精神和思想道德素质水平，从而对社会主义文化建设产生积极的推动作用。一个民族如果硬实力不行，可能一打就败；而如果软实力不行，可能不打自败。践行黎族文化自信，提高黎族文化软实力，事关全局，刻不容缓。海南黎族文化属于累积型文化，它是精神财富和物质财富的总和，是海南文化软实力的重要体现，成为21世纪文化建设的重点。文化立世，文化兴邦。坚定黎族文化自信，大力推进黎族文化走出去，要把跨越时空、跨越国度、富有永久魅力、具备当代价值的文化精神弘扬起来，为黎族文化自信提供更基本、更深厚、更长久的力量。文以化人、文以载道，让黎族文化理念走出本岛，让文化自身说话。做到与时俱进，不但要以社会主义核心价值体系为坐标，更要结合本地的实际状况。从理论层面上来看，社会主义核心价值体系和文化都可以归为文化建立系列，二者有相通之义。研究海南黎族文化和社会主义核心价值体系，是从社会文化建设的大局出发，为建设社会主义文化强国打下坚实的根底，增强民族凝聚力，不仅要有高度文化素养的黎族人民，还要有强大的文化软实力，最关键的是要加强黎族红色文化的创造活力，大力开展红色文化事业、红色文化产业，加快红色文化体制变革。文化自信是可持续设计的动因，也体现出黎族人民心系天下的人文情怀。可持续设计与一般以物资产品为输出的设计不同，它是以成果和效益取代物质产品的消耗，而同时又以减少环境污染和资源能源虚耗，改善人们社会生活素质为最终目标的一种策略性的设计活动。可持续设计兼具理想功能和社会责任感，它通常表现出追求"可持续"发展目标的美好愿望，但可持续设计不是通常设计的圭臬，而往往被当作一种可供选择的设计方式，可以快速提高人类的生存状态和生活方式，其内涵和外延不断延伸。可持续发展的设计理论是设计界对人类嬗变和城市环境有机更新之间关系的不断探索和变革的发展历程，其理论大致可以分为四个阶段，第一个阶段即绿色设计，提出了 3R 设计理论，减少物质使用和能源消耗，回收利用材料和重复利用，此时追求的是无害化设计和持久型设计，但绿色设计并不能从根本上解决可持续发展的问题；第二个阶段为生态设计，我们更加关注设计过程中涉及的各个方面、各个环节可能产生的问题；第三个阶段可称为基于生产效率的产品服务系统设计阶段，将产品和服务相联系，从而有效地降低物质能源在生产和消费过程中的损耗；可持续设计是最前沿的第四个阶段，它包括了对其本土文化的可持续性、物种多样性的探究和可持续消费模式的提倡，体现出一个时代的认识水平，展示出黎族人民的创造力和文化的可持续发展。

3）可持续设计价值的实现

在时空环境下，可持续发展的城市边缘区呈现出人与自然共生下的环境景观，它在满足基本功能需求基础上又具有审美艺术表达性，是时间艺术和空间艺术的综合，也是一个从无序到有序、自组织聚散和进化的过程。《晋书·庾亮传》："元帝为镇东时，闻其名，辟西曹掾。及引见，风情都雅，过于所望，甚器重之。"风情即神情、风采之意，所描述的就是风情小镇。在城市化建设的背景下，结合海南国际旅游岛建立的战略布局，结合本身特点和发展要求，提出了海南特色旅游城镇建设的发展对策。海南现阶段开发的风情小镇包括澄迈台湾风情小镇、漳州雪茄风情小镇、博鳌风情小镇等。海南黎族的风情小镇可以让人细细品味它们独特的民族风情，也向人们展示了多姿多彩的民族文化。它不仅肩负着振兴当地旅游业的使命，还承担着民族文化得以传播和延续的责任，我们应把特有的民族文化和得天独厚的旅游资源相结合，从而促进当地文化、生态文明的平衡发展。在特定的土壤环境中孕育出来的民族文化是独有的、相辅相成的，如果离开了特定的土壤环境，这种民族文化便不再具有独特性，而黎族风情小镇蕴含的民族文化正是在该地区民族文化大环境中孕育的，它的唯一性是其他文化无法相比和代替的。风情小镇的建设，特色还不够鲜明、整体规划尚欠缺、法律法规等尚待完善，利用黎族传统民居建筑元素可以解决风情小镇建设中存在的问题。黎族船型屋是最具代表性的民族特色符号之一，采取标杆性提取元素的方法对黎族船型屋顶进行分析再加以利用，从建筑屋顶造型、建筑材料、建筑结构中提取建筑元素，在早期社会，生产力低下，经济不发达，黎族村民建房的时候只能就地取材，这使得黎族传统建筑与生态环境巧妙地融合在一起，经过现代手法的陶艺对当地文化符号进行再生设计，把传统民俗文化和可持续设计结合起来产生集成效应，在很大程度上使黎族传统民居建筑特色更加鲜明。黎族风情小镇应该以点带面地推动地缘民族村落的文化资源品位，经过对本地民族文化的优化组合，为创立当地的旅游文化品牌奠定良好的根底，从而实现了可持续设计价值。"治理观念"作为执政理念，是在中国共产党第十八次全国代表大会的报告中第一次提出的，朝着建立生态文明国家的目标前进，并强调了实现生态文明建设的战略地位。建立生态文明有利于中国特色社会主义"五位一体"的整体布局。黎族美丽乡村是一个新的城市化发展模式，自 21 世纪初以来一直用于中国社会的发展，呼唤民俗，继承当地文化。它特别注重挖掘当地风俗和民俗等人文美学元素，将风格和文化有机地融入农村田园。黎族美丽乡村的建设可以推动生态系统的平衡发展，加快美丽中国建设的步伐。黎族美丽乡村的建设，需要经济、政治、文化、社会和生态文明五个方面的努力，才能实现农村社会的全面、整体和前瞻性发展。作为国际旅游岛屿旅游业转型升级的突破口，黎族美丽乡村以自身为载体，弘扬当地文化，让游客感受到不同文化的摩擦与融合。城市居民在感受乡间风土人情的同时，乡镇居民也可以领略都市人的生活方式和生活态度，这是一种城乡良性互动的模式，让文化在城市和乡村中不断地碰撞和融合，是一种审美创造的过程，从而使人与自然、人与社会、人与自我达到天人合一的审美理想。海南国际旅游岛以及 2018 年海南自由贸易区建设政策的提出，为海南的旅游市场带来了活力与契机。

地域风情文化游是选择地域特色风情文化，在旅途中欣赏当地民风民情，体验当地少数民族民俗文化的一种高层次的精神文化旅游。通过这种方式，可以使游客了解当地历史发展的脉络，提高自我修养的艺术水平。海南省有许多历史遗迹、传统村落和少数民族传统民居，地域风情文化游的主要景点以乡村特色传统民居与传统村落为主。由于传统民族聚居地分布广，不集中，保存现状不理想，以及缺乏相应的旅游景点配套设施，导致目前没有一条完整的旅游路线。同时，黎族美丽乡村在发展过程中出现了诸如文化设施建设不健全、生态环境遭破坏、人才队伍缺乏等问题，在不同程度上制约了黎族美丽乡村的发展。在美丽乡村建设中，将黎族建筑的装饰构件加以解构，自古以来，建筑就与装饰相结合，体现出每一个时代的装饰风格和审美。建筑装饰不仅是人类劳动的产物，更是艺术和可持续设计结合下建筑艺术的表现手法，黎族传统民居建筑布局在风格、图案、色彩上有着明显的风格，将大力神纹与甘工鸟纹图案相融合木雕雕刻形态与木纹走向相结合，将审美和精神需求诉诸装饰，使可持续设计概念融入黎族文化，或者研发一套符合黎族文化的可持续设计教育理论，为培养高素质人才队伍打下坚固的基础。把黎锦纺织技艺与山兰酒酿造技艺等传统民俗技艺与旅游产业结合起来，共同推动非物质文化遗产的保护，实现可持续设计价值。

《论语卫灵公》中说，"工欲善其事，必先利其器"，我们应当把握好其自身独特的地理条件、气候特征、政策支持等因素，传承发展好黎族传统民居文化，使其成为海南发展的强心剂。从海南省国际旅游岛的政策出台到自由贸易区的建设战略，海南以发展国际旅游城市面向全球定位。深入切实地探讨和认识黎族传统民居可持续设计这一关键问题，正是要从思想道德最根本的方面进行努力，对实现黎族人居环境"可持续设计"具有重要的影响。领悟可持续设计的新观念，营造一种黎族特有的、绿色的精神家园，将提升海南省的国内外地域标识性，从而为海南国际旅游岛的建设做出重要的奉献。

2.3 海南黎族传统民居保护的政策

海南黎族船型屋是目前海南省最具有海岛民俗风情的传统历史民族建筑，真实地反映了海南黎族人民在历史发展变迁中的人居环境及居住形态。但目前我国各个方面正经历着史无前例的转型：城市快速更迭，经济体制改革，产业结构升级与调整，城镇建设步入了飞速发展时期。2018年3月5日，《2018年政府工作报告》指出："城镇化率从52.6%提高到58.5%，8000多万农业转移人口成为城镇居民。"[1] 快速的城镇化使得城市土地需求量急剧增加，而传统民居作为历史建筑面临着民居保护与土地环境开发之间的激烈矛盾，于是海南黎族传统民居的留存与未来亦面临着迫在眉睫的多重难题。

1. 国外传统民居保护政策

由于政治和历史方面的原因，许多国家政府在从发现问题到制定保护传统民居政策的过程中走了不少弯路。二战时期西方国家居民居住的房屋多为拥有近百年历史的传统住宅。不论富人阶级的庄园建筑，抑或贫民窟的拥挤建筑，经历过二战的破坏后，人们为了摆脱历史的痛苦记忆，改善物质环境，开始大量拆除传统民居。这一举动反而引起了更广泛和更深层次的社会危机，也让人们意识到民居所承载的历史记忆、文化资源与情感价值。到了经济逐渐稳定、发展趋于平顺的20世纪70年代，世界范围内出现了保护历史传统建筑和文化环境遗产的潮流。

现当代法律意义上的传统民居保护文献可追溯到1933年的《雅典宪章》，这是一部关于城市规划的纲领性文件，其中提到"城市发展的过程中应该保留名胜古迹以及历史建筑。"虽然这份文件主要针对城市化发展，对于建筑的保护政策还具有一定的局限性，但也初步拟定了一些基本保护原则及措施，对于保护历史建筑具有重要意义。如果说《雅典宪章》对于民居保护政策具有开创的意义，那么1964年的《保护文物建筑及历史地段的国际宪章》（《威尼斯宪章》）则对于传统民居的保护来说具有奠定性意义。《威尼斯宪章》中提到："世世代代人民的历史文物建筑，饱含着从过去的年月传下来的信息，是人民千百年传统的活的见证。人民越来越认识到人类价值的统一性，从而把古代的纪念物看作共同的遗产。大家承认，为子孙后代妥善地保护它们是我们共同的责任。"[2] 这是国际上第一部真正意义上关于保护文物建筑的国际宪章，对保护传统建筑的意义与开展工作进行了具体的阐述。1976年联合国教育、科学及文化组织大会第十九届会议于1976

---

[1] 《2018年政府工作报告》http：//www.mod.gov.cn/topnews/2018-03/05/content_4805962.htm.

[2] 《威尼斯宪章》https：//wenku.baidu.com/view/31f3a3100b4e767f5acfcec0.html.

年 11 月 26 日在内罗毕通过了《关于历史地区的保护及其当代作用的建议》。[1] 建议中提出了对于历史地区的保护观点和方法，并且扩充完善了历史地区的涵盖内容，并对性质各异的地区进行了划分：史前遗址、历史城镇、老城区、老村庄、老村落以及相似的古迹群。1987 年《华盛顿宪章》首次提出了 "因为保护城镇历史地区首先和当地居民有关"，明确了保护的原则和目标，这对于保护传统民居是重要的延伸和发展。

2. 国内传统民居保护政策

"中国民居研究的发展可分为前、后两个时期。中华人民共和国成立前是民居研究的初期——开拓时期。中华人民共和国成立后的 50 年，中国民居发展有三个阶段：第一阶段是 20 世纪 50 年代；第二阶段是 20 世纪 60 年代，中国民居研究正当全面开展的时候，由于十年动乱而暂告停顿；1979 年，在中国共产党第十一届三中全会的号召下，中国民居研究开始了第三阶段，这是一个兴旺发展的时期。"[2] 在第一个阶段中，刘敦桢教授创建了 "中国建筑研究室"，并创作了我国早期论述中国各地传统民居的较为全面的著作《中国住宅概说》。第二阶段的研究则开始遍及全国大部分地区和少数民族地区。第三阶段民居研究队伍不断壮大，并且有了专业的组织与专家团队。1999 年国际建筑师大会上提出了《北京宪章》，从人类学的视角出发，在新区与旧城之间构建一个永续循环系统，建立一个适应人类发展的居住环境，在时空因素作用下不断提高环境质量。使传统民居的交流进一步扩大。

2014 年中华人民共和国住房和城乡建设部成立了传统民居保护专家委员会，出台了实质性的保护措施，极大地推动了传统民居的保护力度。其后数年间，多地区曾颁布相关的《古民居保护工作方案》，为我国传统民居的保护提供了具体的实施方案。如 2015 年，海南省政协提案《关于保护与发掘海南传统古村落文化，打造美丽乡村亮点的建议》便根据海南特有的地理环境与民俗文化，提出了一系列相对应的保护方法与建议，并举了具体的案例进行分析。[3]

"科学规划"、"严格保护"、"合理开发"、"永续利用"是古民居保护的基本原则。

---

[1] 《内毕罗建议》https：//baike.baidu.com/item/ 内罗毕建议 /10790823?fr=aladdin.

[2] 陆元鼎 . 中国民居研究十年回顾 [J]. 小城镇建设，2000，8：63-66.

[3] 《关于保护与发掘海南传统古村落文化，打造美丽乡村亮点的建议》。

其总的保护指导思路为：以尊重历史为出发点，尊重民居历史文化、民居聚居村落文化和民居的装饰文化。追加保护资金，使政府、社会、民众形成相互制衡的监督体系，把资金用于要害，使资金落在民居保护的实处。"美丽乡村"与黎族民居相结合，二者相互影响却又相互发展。"中廖村"就是黎村美丽乡村建设的一个典范，在这背后我们的政府下了不少力气。2012 年传统村落保护机制启动，首当其冲地解决了基础性统计工作，2016 年公布了第四批中国传统村落名单，共有 1598 个，到 2018 年所统计的传统村落共有 4153 个。从统计总量上来看，我国有目前规模最为庞大的传统村落保护群。

随着海南自由贸易区建设的推进，全会审议通过了《海南省乡村振兴战略规划（2018—2022 年）》，主要的目的有二。一是为了深入学习与贯彻习近平总书记在庆祝海南建省办经济特区 30 周年大会上的重要讲话；二是学习《中共中央、国务院关于支持海南全面深化改革开放的指导意见》精神。2018 年，为了提高建设美好海南进程，在海南开启了全面深化改革。《海南省乡村振兴战略规划（2018—2022 年）》具体分析海南省贫困村的贫困根源以及乡村振兴战略，海南省只有把脱贫攻坚工作做好，以乡村振兴为抓手，把解决海南省三农问题放在首位，才能为加快自由贸易试验区和中国特色自由贸易港建设提供一个坚实的基础与后盾。[1]

有关传统民居保护重要法规及文件见表 2-1。

传统民居保护重要法规及文件一览表　　　　　　　　　表 2-1

序号	名称	发布机构	发布时间
1	《保护世界文化和自然遗产公约》	联合国	1972 年
2	《保护非物质文化遗产国际公约》	联合国教育、科学及文化组织大会第三十二届会议	2003 年 10 月
3	《审查土著人民遗产原则和准则草案横田洋三先生和萨米理事会提交的工作文件》	联合国人权委员会、增进和保护人权小组委员会、土著居民问题工作组第二十二届会议	2004 年 7 月
4	《关于印发建设事业"十一五"规划纲要的通知》	中华人民共和国建设部	2006 年 3 月
5	《关于做好传统村落调查信息录入工作的通知》	海南省省住房和城乡建设厅	2012 年 6 月
6	关于印发《海南省非物质文化遗产保护规划》（2012—2015 年）的通知	海南省文化广电出版体育厅	2012 年 11 月

[1] 《中国共产党海南省第七届委员会第五次全体会议决议（2018 年 8 月 31 日中国共产党海南省第七届委员会第五次全体会议通过）》。

续表

序号	名称	发布机构	发布时间
7	《关于做好 2013 年传统村落补充调查工作的通知》	海南省住房和城乡建设厅	2013 年 3 月
8	《住房城乡建设部 文化部 财政部关于做好 2013 年中国传统村落保护发展工作的通知》	国家住房和城乡建设部、文化部、财政部	2013 年 7 月
9	《住房城乡建设部 文化部 国家文物局 财政部 关于切实加强中国传统村落保护的指导意见》	国家住房和城乡建设部、文化部、国家文物局、财政部	2014 年 4 月
10	《住房城乡建设部 文化部 国家文物局 财政部关于切实加强中国传统村落保护的指导意见》	国家住房和城乡建设部、文化部、国家文物局、财政部	2014 年 4 月
11	《住房城乡建设部关于成立传统民居保护专家委员会的通知》	中华人民共和国住房和城乡建设部	2014 年 4 月
12	《住房城乡建设部等部门关于做好 2015 年中国传统村落保护工作的通知》	国家住房和城乡建设部、文化部、国家文物局、财政部、国土资源部、农业部、国家旅游局	2015 年 6 月
13	《住房城乡建设部等部门关于公布 2016 年第二批列入中央财政支持范围的中国传统村落的通知》	国家住房和城乡建设部、文化部、国家文物局、财政部、国土资源部、农业部、国家旅游局	2016 年 12 月
14	《海南省打赢脱贫攻坚战三年行动计划》	中国共产党海南省第七届委员会第五次全体会议	2018 年 8 月
15	《海南省乡村振兴战略规划（2018-2022 年)》	中国共产党海南省第七届委员会第五次全体会议	2018 年 8 月

小结

对于古民居的保护，联合国自 20 世纪 70 年代起即出台了一定数量的公约及文件，中国自 21 世纪伊始也出台了一系列的法律法规文件保护传统民居。这些迹象表明，无论是世界还是中国，对于古民居的保护认知优秀民族遗产的保护意识都在不断深化。

从中国视角纵观海南船型屋，2014 年由国家住房和城乡建设部、文化部、国家文物局、财政部发布的《住房城乡建设部 文化部 国家文物局 财政部 关于切实加强中国传统村落保护的指导意见》，是传统民居保护的纲领性文件。囊括了传统民居保护的主要目标、任务、要求和措施，其措施对地方传统民居的保护指导性很强。通过近 10 余年的实地调研，在文件出台，一系列政策福利落实到黎族村民手中后，村民对于船型屋的保护意识明显提高，间接提升了黎族村民的保护认知。船型屋作为海南省重要的文化遗产，相信在政策与黎族村民的共同保护下，将得以更好地延续与传承。

第3章 海南黎族传统民居保护的路径与思考

3.1 船型屋的"馈赠"——白查村黎族原始聚落民居与环境

白查村位于海南省西部东方市江边乡。白查村是海南黎族传统村落现存中船型屋样式民居最为典型的代表，是海南船型屋保存最为完整的自然村落之一。白查村船型屋营造技艺是海南唯一收入国家级非物质文化遗产名录的黎居建筑样式，也是海南首个建筑类国家级非遗项目。

笔者对于白查村的调研最早始于2007年，第一次走进纯粹黎族传统村落，给人的感觉是一种穿越式的震撼。错落有致的船型屋与质朴的黎族村民演绎出了世外桃源般的意境，黎族传统村落普遍规模不大，白查村在2007年时有80余户人家，在黎族现存村落中已属大型村落了。从服饰上辨别民族元素会发现已经不再具有"凡黎族皆着黎锦服饰"的统一衣着了，大多数青年村民、儿童穿着与汉族没有区别。村中年长者基本上保持着传统服饰特征，尤其是面部及裸露出的四肢部分均有明显的纹身印记。实际上，现代文明的痕迹已经在黎族数千年的传承中显露无遗。村落中多数民居旁安装了海南省各界捐助的卫星电视信号接收器，很多民居门口停放着崭新的摩托车[1]，这些现代科技与千年传习不变的船型屋民居交织在一起，给人以较强的视觉反差感和冲突感。

1. 白查村选址与布局环境

村落选址在较为平坦的山地围合区域，距山近，便于取用山泉水，同时也利于建筑主材的采伐与野生食用品的采摘，但也相对限制了粮食耕地面积的拓展。整体布局上并无明显的秩序规划，民居多为纵横交错（图3-1、图3-2），村落主

---

[1] 海南黎族聚居区多山地，摩托车是一种适应当地环境条件的兼具动力要求与便捷性的交通工具。

入口道路开辟在村西侧的水稻田间，进村的一片空地广场是白查村内唯一的公共使用空间，可供外来车辆停放及平日的粮食晾晒。村内有一条可环村步行或机车通行的道路，与广场联通，有一条可直达村尾的步行小路，遇雨水季节则通行不便。民居建筑的朝向并非整齐划一，东西向与南北向的民居比邻而居。白查村村落整体布局呈不规则矩形，南北向宽约（286.8米）、东西向窄约（115.5米），整体地势虽相对平坦，但仍可以从布局与细节中发现巧妙之处，村内地势由北向南逐步递减，村内民居建筑则依据这一细微的地势落差构筑明渠排水，主要水渠从北向南延伸，每户民居挖有与主渠连接的分渠，使得雨水及日常生活污水得以及时排放，但也由于明渠缘故，在落差相对平缓的部分没有雨水带动冲刷时，会因生活污水排放缓慢而散发臭气，对村民尤其是儿童的健康不利。

图3-1　白查村鸟瞰图（一）

图3-2　白查村鸟瞰图（二）

村落内黎族民居的样式主要为落地式船型屋及配属功能的谷仓建筑，有一定数量的金字屋式船型屋，数量比例不占主体。白查村内的船型屋民居根据尺寸、体积与结构的区别，大体可分为四种（图3-3）。

2. 原生态传统聚落环境

2007年，笔者第一次进村调研时，白查村已经遵照当地政府旧房改造与新农村建设的政策，在原村址边选择了新址，并已逐步按照汉族金字屋的标准，采用现代建筑材料进行了民

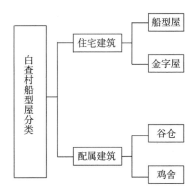

图3-3　白查村船型屋分类

居地基的构筑。幸运的是整体工期较长，整体工程仅停留在部分民居地基施工阶段，所有村民仍然全部居住在原村址，原始的聚落环境没有任何改变（图3-4—图3-6）。白查村传统村落民居属于典型的落地式黎族民居，房屋高度相对低矮。村内道路多为民居间日久而成的土路，遇到雨季非常泥泞（图3-7、图3-8），加之长时间被车轮碾压留下了较深的痕迹，雨水汇集在胎痕中无法迅速挥发，长期的浸泡使得道路中间的土壤土质黏粒较多，遂导致白查村主干道在雨量充沛的时候泥泞，雨量匮乏的时候沙尘较多。因为长时间的潮湿使得房屋旁边堆积的用于房梁更换的木头长满了青苔（图3-9）。在村中考察时发现，白查村的村落配套建筑除了存放粮食的粮仓以外，在地势较高的地方还搭建有存放木柱、编织茅草的建材存放库，为了在使用之前避免雨水和阳光对其造成破坏，存放库设置了顶棚，不同于船型屋的坡屋顶，雨棚没有弧度，但具备一定的倾斜角度以便排水。建材存放库旁边就是谷仓，值得一提的是这二者放置地点的土质颗粒感较强，以碎石为主，即使是雨季长时间的降雨，这里也不会形成大面积水洼，保证了周围的干燥，防止粮食和建材因为受潮而前功尽弃（图3-10）。白查村聚落环境的原生态还体现在人畜混居的生活状态，牲畜都以散养的模式进行喂养，任何可以容纳小型动物的空间都可以成为它们愉快生存的场所。有的猪圈甚至就设置在船型屋山墙入口处，居民要迈过猪圈才能入户（图3-11）。单从此种类型的猪圈放置地点而言，很难断定是村民故意为之还是家猪的自行选择，但无论是哪一种原因导致的，猪圈设置在开门处都表现了白查村优良的生态环境和健康的聚落环境。虽然在今天看来卫生条件相对较差，但这也正是白查村原生态的体现。即使在那个物资匮乏的年代，白查村居民仍在种植拥有高经济回报的农作物——黄花梨，根据史料和走访得知，黄花梨作为建材在白查村使用的情况在20世纪七八十年代就已经很少见了。由于黄花梨的色泽温润，木型极为稳定，不易变形开裂和弯曲，在力学上是极佳的承重材料，并且韧性较其他木头强，对于造型的可塑性有着其他木材所不及的优势，保证了其作为家具的美感。黄花梨木质坚硬，密度较小，同等体量下黄花梨的重量较轻，而在传统民居兴盛的年代没有大功率起重机，人工立柱的生产方式也使得省力的黄花梨成为建材的首要选择。所以在现阶段黄花梨仍是一种经济价值非常高的种植物，但是因为黄花梨成长周期较长，白查村只有少数家庭还在种植（图3-12）。

图3-4　2007年笔者现场考察（一）

图3-5　2007年现场考察（二）

图3-6　2007年现场考察（三）

图3-7　泥泞的村路（一）

图3-8　泥泞的村路（二）

图3-9　村路

图3-10 材料储备棚架

图3-11 前家畜、后居住的黎族民居

图3-12 黎居门前的黄花梨树苗

3. 古老生活用品的遗存

　　白查村聚落环境的原生态更体现在其生活器物的制作材料上。在黎村中，人工砍伐后遗留的棕榈科植物巨大的根茎随处可见（图3-13），笔者在这种树根的中发现不少谷物的外壳，白查村村民将树根中间挖空，形成碗状的内部空间，以替代米舂的使用功能，因为由树根改造而成，所以在稳定性上高于米舂。随着新型去壳机器的问世，这种充满原始黎村的风情的根茎已经难觅踪迹，成为往日黎族人民日常生活的一个见证。对于棕榈科树木的运用不仅是对其根部的再设计，白查村居民将棕榈树的芯材掏空（图3-14），形成凹进的树干内部空间，以供生活器具的放置，很难说这种做法是有意识而为之还是巧妙利用了这棵棕榈树的外部瑕疵进行深挖，达到的使用效果显然独一无二，对整个村落原始气氛的营造也是无可替代的。黎族自古以来都是以农业和手工业为主要经济来源，白查村黎族居民沿袭了其祖先先进的手工编织技术，对本地红白藤的使用可谓是炉火纯青，随处可

图3-13　树根的运用

见的编织物以不同的使用功能而出现。如图 3-15 所示，用树枝为柱，藤条以穿插编织成组，有序缠绕在树枝立成的柱子上，以此作为一个区域划分，对图中所示的黄花梨幼苗进行一个简易的围绕，目的是防止小型家畜在活动中对黄花梨幼苗造成无意识的损毁。除此之外，对于材料的充分认知和有效的改造还体现在树干的使用上，白查村因为是一种人畜混居的状态，随处可见鸡和猪以及供其进食的鸡食槽（图 3-16）。小型的食槽供长嘴家禽使用，大型的食槽供牲畜使用，它们均用树木的芯材进行打磨，形成最终长条状的食槽。值得一提的是，由于食槽供给不同体型的牲畜使用，放置的位置也会不同，鸡、鸭等体型较小的使用是直接放在地上，但体型偏大的则需要将食槽架高，所以对食槽的建造之初，在两边留有搁置用承接装置，用于将食槽架在有一定高度的配套设施上，无论从外观形制还是使用功能上来说均达到了较高的手工艺技术。与此同时，白查村居民对于材料属性的理解十分透彻，例如底部架空的谷仓建筑的承重柱础（图 3-17）。在中国建筑构件中，柱础被称为磉盘，它作为承受房屋压力的基石扮演着不可小觑的作用。一是为了使木质承重柱与地面隔绝，防止腐烂，增加使用寿命；二是增强柱脚的受压面积，减轻相同重量对土地的压力，防止房屋下陷。从对黎族族源文化的探究中得知黎族族源文化中就有将谷仓底部用石材架起的先例，如今在深山中的白查村中也证实了这一点，而这种做法一方面验证了黎族文化与汉族文化曾有过交融和交流；另一方面更是佐证了白查村居民对不同材质的使用价值有着自己独到的思考。

图3-14 树干的运用

图3-15 藤条编制围栏

图3-16 家禽食槽

图3-17 谷仓柱基

　　现代化的脚步对白查村的侵蚀是逐步进行的，村落在地势上有略微的坡度，所以每隔一段距离就会有250—300毫米的台阶高差，因为摩托车的频繁使用，这个高差也用水泥填充了一个45°的坡度方便摩托车的行驶（图3-18），在一定程度上说明了白查村正处于一个由落后到现代的过渡期，也从侧面彰显了白查村旧有的生活习俗和传统建筑正面临着前所未有的冲击"还有主要原因是水流的坡度"。白查村在这个时候还未普及自来水资源，居民生活用水依靠村中一座4米见方的蓄水池，蓄水池是县政府为保证白查村村民有干净水源使用而建设的，以水泥为主材堆砌的梯形外观，蓄水池不是直接坐落在泥土地上，它与土地之间铺设了3米左右的水泥排污带，以坡面防止泥水倒流。在蓄水池上设有高低两个出水管，依笔者观察，低矮的出水管用于衣物洗涤，方便村民蹲下接水；而较高的出水管锈迹斑斑，少有人使用，笔者猜测这是多年以前白查村居民进行露天沐浴时用的出水口，近些年外来参观者数量激增，使得这个出水口处于废弃状态（图3-19），如今，现代化的生活器物已经成为白查村村民生活的一部分，说明村民的生活正逐步走向现代化。

图3-18　地势落差

图3-19　蓄水池

4. 原始生活状态的映射

如果说船型屋民居是海南黎族传统民居的活化石，那么白查村居民的日常生活就是黎族村落传统生活模式的映像。2007年的白查村，除了居民的交通工具和穿着样式已经发生改变，其余的生产活动依旧保持着以农业为主、手工业为辅的传统模式。因为船型屋独特的造型和材质，导致室内光线条件差，无法进行生产活动，所以白查村村民都在自家的屋檐下进行手工劳作，每家每户的门前都铺设了带有一定坡度的水泥地台，以保证雨水不会倒灌，这种形制就是白查村居民进行手工业生产的独特场所（图3-20），在阳光充足的情况下，有些村民也打开船型屋门进行自然采光，然后坐在门内手工制作（图3-21）。[1] 白查村的黎锦制造业以女性为主，而藤条编织或手工工艺品的制作则以男性村民居多。笔者根据所用材料将白查村居民的编织物分为竹制容器和藤编容器两种，器型以框、篓、篮、笱、帘为主，造型质朴，工艺精美。据了解，初保村的居民起初采用以物

---

[1]　坐织机是黎族传统织锦活动必要的生产工具，由竹片树枝精加工制成，由单个女子使用。

换物的方式，将编织的手工艺品在同村中进行简单的交易，但随着近些年参观者的增加，这些编织物更多地出售给了参观者，这对于原住民在经济上是一个补充。白查村居民对于这种手工编织物的使用十分普遍，对白查村船型屋室内环境的考察发现，手工编织物是白查村居民生活中不可或缺的器物，在室内狭窄的空间内，挂满了大小各异、使用方式不同的编织物（图3-22），即使是塑料制品和不锈钢器皿普及的今天，在白查村仍然是编织物占据着使用容器的主导地位。白查村居民对于皮具的探索尚处在起步阶段。图3-23是一个完成时间不长的牛皮凳，虽然在外形的精致程度上远不及编织容器，但在制作构思上体现了制作者的细致程度和对美观有一定的追求。牛皮凳的承重构架以几何形体中最为稳定的三角形排列构成，在顶端与凳面的处理上使用藤条封边，张拉的牛皮用铆钉固定，增加耐用度之余提升了美感。由于白查村科技水平的落后，无法对皮具这种生物材质进行有效的除菌去味处理，在制作周期上要考虑晾晒的时间和规避蚊蝇，所以普及度比不上藤条和竹条，只在少数居民家中能见到。除了视觉和触觉，白查村作为一个原始村落在嗅觉上也有着自己的独到之处，因为人畜混居的状况使得白查村的卫生状况较差，笔者在漫游白查村的时候顺着气味发现了一张正在晾晒的牛皮（图3-24），虽然被刺鼻的气味熏得头晕目眩甚至有些作呕，但这种从嗅觉角度出发的感受，恰恰也是原生生活最真实的体现，对后续黎族传统村落的保护性研究具有很高的参考价值。

图3-20　织锦的黎族妇女

图3-21　手工编织

图3-22　手工编织生活用品

图3-23　牛皮凳

图3-24　晾晒牛皮

图3-25　台风损毁民居

小结

　　无论是整村聚落环境的原始形态，还是居民生态系统的完整性，白查村都十分具有考察价值，村民对这片土地的依赖正是白查村传统民居保护的源泉，这种无意识但有实际效益的保护形式使得船型屋存在至今，但就船型屋的使用年限而言，这种无意识的保护更多的意义在于生活场景的重现。村民对于自然损毁导致无法居住的船型屋的做法是将其闲置，因为取材来源于自然，在船型屋寿终正寝之日也将回归于尘土，所以笔者在白查村中看见了诸多破损废弃的民居（图3-25），随着现代化的进程推进，白查村的居民必将住进条件更好的新村中去，那么一旦失去了对传统民居的依赖，这种无意识的保护便会随时丧失，那么传统民居的消亡速度将会成倍递增，直至完全消失在这片土地上。所以如何保护黎族传统民居，将眼前丰富的民族文化展现给后代，将是笔者未来致力的方向。

5. 重返白查村——十年变迁思考

（1）白查村遗址

在这里用"遗址"形容白查村的现状，是缘自其10年的社会变迁和环境演变，白查村早已失去了往日的活力，成为一座只能证明曾经有人在此居住过的遗迹。由于扶贫工作的全面展开，白查村村民早在几年前就搬入了人居条件更好的新村。而白查村的传统建筑群则成了失去使用功能的建筑遗存被废弃在原地，作为"遗址"，白查村的特点不像广义上的人类活动遗迹那样具有不完整性和残缺性，与之相反，白查村的传统民居建筑因政府有意识的保护而体现出前所未有的完整性，甚至由于原住民的搬迁，无人居住的白查村从村落整洁程度和船型屋外表来看，更带来一种秩序感（图3-26）。可是步行在寂静的老村中，再也找不到往日繁忙鲜活的生活场景了。

图3-26 2017年白查村船型屋鸟瞰图

2018年白查村聚落环境

白查村进村口的一条泥泞小路改为水泥浇灌路段之后，方便了机动车的行驶，但同时也失去了徒步的乐趣。由于白查村船型屋目前作为旅游景点对外开放，休息广场成了必备的景区设施，白查村的广场就建在距一间船型屋不远的主路旁，并且兼具停车场的功能，地面铺有 300 毫米 × 300 毫米的方砖。进村主路两侧新种植了槟榔树（图 3-27），由于栽种年限过短，树木的高度和茂盛程度无法与原有的大树相媲美，遮阴面积不足，日照强烈的时候，游客无法长时间在此逗留，间接导致了白查村人烟稀少的现状。由于白查村旧址目前已经无人居住，荒草无人打理，原本穿梭于民居中的泥泞小路已经长满了齐膝深的荒草，与新修的水泥路形成鲜明的对比（图 3-27），水泥材质在白查村中显得格外突兀。

图3-27　白查村街道

图3-28　"保护"中的船型屋

（2）白查的守望者——废弃的船型屋

船型屋作为以居住功能存在的传统民居，随着白查村村民的离开和使用功能的丧失，陆续成为无人问津的建筑遗存。政府实行的整村保护措施保证了白查村黎族传统民居样式上的完整性，分析白查村传统民居的建筑材料可知，政府有关部门实行的保护是从延长船型屋的寿命角度出发的，对原始建筑材料进行了加固，首先是给船型屋草编混泥墙刷上一层加固胶，在一定程度上防止墙体过度开裂。由于无人居住，原本室内生火可以对墙体进行烘干的作用也已丧失，所以对墙体开裂导致垮塌的问题采取了相应的保护措施。在村中考察时发现，部分船型屋探出式屋檐下存放着大量编织完成的葵叶束，说明有关部门定期对屋顶的茅草进行了更换。仔细观察室内外屋顶和屋内的木质承重结构，发现凡是木头和藤条扎紧的位置都刷上防腐漆，以避免无人居住的船型屋在高温高湿的环境下加速腐烂。部分民居的门帘处张贴了类似于保家护宅的符，由于时间久远，雨水的冲刷导致表面颜色的退却，在一定程度上说明了白查村传统民居早已无人居住。为了避免人为破坏，每一个船型屋的房门都上了锁（图3-28），锁头早已锈死。在修缮船型屋的过程中，有计划地对房门材质进行美观设计，运用藤编或者竹条加以编织装饰，结果在客观上给到访者造成了一种拒之千里之外的隔阂感。由于白查村是整村修缮，没有额外的经济来源，无法形成良性循环，直接导致管理不善，很多船型屋的屋门已被撬开，游客可以随意进入，笔者本着不对船型屋造成破坏的原则进入屋内考察，发现屋内的残破景象与船型屋外表面形成了鲜明对比：废弃的陶罐、残破的床板、布满灰尘的破竹篓、随处可见的生活垃圾……在失去使用价值后，白查村的船型屋已经成了村民食之无味、弃之可惜的东西，没有人愿意再回来布置和打扫，从而形成今日这种残破的景象，当然也不排除是游客在游览时造成这种混乱局面的可能性。为了杜绝随意破门而入的情况，避免部分居民将传统民居当作仓库使用，有关部门在许多船型屋的正门口贴上了"严禁入内"的提示（图3-29）。值得一提的是，这类提示牌在客观上对白查村传统民居起到了破坏整体效果的反面作用（图3-30）。白查村旧址时至今日已经毫无生机可言，10年的社会进程已将其远远地抛在了时代之后，曾几何时，笔者目睹了这里繁荣鼎盛的生活状态，相较之下实属遗憾，从而更加明确了对黎族传统民居进行保护性设计研究的使命感。

图3-29　文物贴牌标志

图3-30　"孤独的"船型屋黎居

（3）现代生活——白查新村

白查村的新村选址距离白查村的原始村落较近，新村以1—2层楼建筑为主，建筑外表面大面积刷白色乳胶漆，较为精致的住宅会铺贴瓷砖。白查村新村的房屋在外形样式上全然没有船型屋的影子，甚至与中式传统建筑的"硬山"顶有相似之初。从对房屋结构的使用功能来看，新村很多1层楼的村民都自建遮阳棚，出檐2.5—3米并在遮阳棚边缘立支撑柱。这一点在使用功能上与船型屋尽可能延伸的茅草屋顶接近，并且他们习惯将一些建筑材料堆放在房屋门口，以备不时之需（图3-31），就如同船型屋的外墙侧会堆放一些生活生产用品一样。沿着新村主路的两侧有两条雨水排泄水渠，亦采用明渠进行雨水排泄，说明其并不兼具生活污水排放的完整功能。

图3-31　新村

白查村村民在一定程度上依旧延续船型屋的生活习惯，例如牲畜的散养，笔者在进出村时，随处可见家禽和在树荫下乘凉的家猪。多数居民会在房屋门前搭建遮阳棚并摆放座椅，在半公共空间里进行交流活动，但笔者并未在新村中看到进行手工编织的村民，也许是因为生活条件的改善和交通工具的升级，烦琐且经济效益相对低的手工业不再是村民的最佳选择。在这样一种文化氛围内，久而久之这种手工业技术将面临后继无人的巨大危机。

小结

对白查村10年来的对比分析得出，黎族传统民居消亡的速度正逐年加快，因整村搬离而丧失使用价值的船型屋的消亡速度更快。由于整村保护措施的局限性，无法将白查村现有的闲置土地和部分民居加以改造，直接导致白查村的传统民居在保护阶段停滞不前，无法起到传统民居文化发扬和传承的作用。笔者认为，长时间的保护最终只会带来机械式的修缮，无法重现的黎族民居灵魂精髓会伴随着一层一层覆盖的防腐漆，不断迭代的屋顶茅草编织技术而最终失去其原本该有的模样。大自然的力量不可小觑，茂密的野草最终也会吞噬白查村深处无人问津的部分民居。随着近 10 年城镇发展的脚步加快，越来越多的黎族传统民居以旅游开发模式相继登上现代舞台，长此以往，白查村这种从单纯意义上进行保护的村落就会逐渐淡出人们的视野，永久的在这片土地上消失。

3.2 失落的印记——俄查、洪水黎村

1.初访俄查村

黎族是海南岛的原住民，有着 3000 余年的历史。2007 年考察伊始阶段即发现白查村、俄查村、那文村是规模较大的三个村落。其中俄查村地处海南省东方市东南，俄查黎村整个村落有 100 多户约 500 人。与其他两个村落相比，无论从完整度、规模，还是原始形制程度上看，俄查村都是海南现存村落的典范。

俄查村多为落地式船型屋，屋顶类似一艘倒扣的船体，架空的屋顶上铺满了层叠有序的葵叶，具有遮蔽风雨的作用。屋内结构分为前廊和起居室，有些家庭在男性后代未娶妻时屋内不设隔间；当男性后代成家后，为了节约资源与人力物力成本，会在屋内砌墙设置隔间，将屋内空间分为两部分。当然，条件较好的家庭会集全村之力为男性后代另起一间船型屋用于分户。

（1）屋顶

俄查村的船型屋外部造型类似一艘倒扣的船体，黎族在建筑材料的选用上擅于就地取材，原料采用葵叶与藤条。黎族人擅长编织，将藤条为"线"、葵叶为"布"，经过有序的编织排列后层层叠加，就形成了厚重且两侧下垂较长的屋顶艺术形式。茅草堆叠的规律是中间厚两边低，呈一个缓慢递减的排列组合形式。雨水可以从屋顶平缓而下，降低雨水对屋顶的冲击。由于海南多台风、多雨水，船型屋屋顶的葵叶会有耗损，在俄查村口有村民采集晒干的茅草屯放点，可供村民修补屋顶使用。屋顶可遮蔽风雨和隔绝高温，在美学方面与立面墙体风格一致，古朴而宁静，屋顶的实用性与美学价值并存。

船型屋屋顶的建筑结构由三根横梁构成，其中一根为主梁、两根为副梁，横

梁所用木材直径均不小于 0.2 米。主梁居于整座船型屋的制高点，副梁则居于立面转折的两侧。三根梁形成的坡度也正是葵叶叠加的走势，在屋内，三根梁形成的空间结构清晰，可以悬挂放置农具与生活用具，又变成了一个储物空间。为了加固屋体密度，立面墙体和屋顶均采用了经纬相交的树枝作为受力面，立面墙体在此基础上添加泥土与草根，为泥土混草墙提供了绝佳的载体（图 3-32）。

图3-32 室内屋顶结构

（2）入口

俄查村船型屋多为落地式，正视图为长矩形。两代人居住的船型屋可容纳 7 人。船型屋的主入口在侧面，由于黎族村民会在主入口处进行织锦或编织竹条工艺品等劳动，因此会在原有立面基准下延伸屋顶长度，在 0.6—0.7 米左右。延伸屋顶的空间集遮蔽雨水、存放一些小型农具、放置烹饪所需柴火及存放生活用具等功能为一体。主入口处的空间则主要用于劳动和储存，与其他民居建筑的区别是不设窗户。一是由于信仰，黎族人觉得开窗会有"恶灵"进入屋内；二是船型屋无法抵挡海南的强台风与强降雨。设立窗户会减弱横向台风对立面墙体的耐受性，加剧台风对船型屋的破坏。

（3）立面与材质

船型屋的立面墙体分为主立面、背立面、左侧立面以及右侧立面。四个立面都存在弧形造型，而且墙面转折处也有弧形角度存在。这一现状的原因有二：其一，黎族人民在建造过程中审美的主观性所致使；其二，泥土混草墙的硬度不够，建造直角立面会增加船型屋的修复频率。谷仓作为船型屋的建筑之一，也有其独特性。谷仓的现实意义是存储粮食，具有防雨防潮功能，因此其屋顶与立面不接面，以保持通风性。谷仓为半弧形干栏式建筑，建筑外观优美古朴。

由于船型屋建筑室内屋顶是裸露的茅草、藤枝结构，加之黎族民众在船型屋内多不设独立的厨房，因此烟火对屋顶的影响较为明显。同样的材料，室内屋顶的色彩与质地明显要比室外看起来更加深厚与坚硬。在对外墙的利用上，同样显示出了物尽其用的设计原则，大件的农具、渔具均可悬挂在外墙，并且借助屋顶的遮挡降低风雨的侵蚀，从艺术的角度看，也使建筑外观的效果更丰富，显得更加饱满。

俄查村立面材质为泥土与草根，是俄查村周边易于获取的建筑材料。泥土与草根按照一定比例搅拌后，在堆砌墙面的过程中加入等距的树枝，经阳光炙烤后就成了较为坚固的墙面。面临海南横向台风的冲击，泥土混泥墙无法抵御强度如此之高的自然灾害。修补对于这种墙体来说，是一项需要经常重复的工作。这类墙体的材质效果同样具有极强的肌理特征，海南省很多主题餐厅、沿海岸线兴建的五星酒店，都将这种墙面的处理效果运用在自己的室内装饰空间中，成为游客认知感极强的地域性装饰符号。

（4）基座

基座是俄查村船型屋的其中一部分，海南省多雨水，五指山区更甚，基座的主要目的是防止急降雨下的雨水倒灌。基座高度一般距离水平地面10—50厘米，在水平泥土地上堆砌一定高度的基座，再用打磨均匀平整的石头向上搭建，保证基座的稳固性。

（5）生活轨迹

笔者在2007年初次考察俄查村时，拍摄了一定数量的图片影像资料。俄查村古朴宁静，远离喧嚣，村民们保留着最原始的生活方式。俄查村船型屋一侧是低矮的干栏式建筑，用以饲养家禽家畜；另一侧是村民生活起居的活动空间。两个空间合用同一顶部，以泥土混草墙为断隔面（图3-33）。从村内活动场所已经能够看到现代文明带给村落的冲击。例如：船型屋外水井的一小部分区域使用水泥铺路，水井下面以及外延部分采用砖混水泥修之（图3-34），打水的水桶出现了现代合成树脂的工业材料以及不锈钢材质水桶（图3-35、图3-36）；在出行方式上，亦有自行车、摩托车等现代交通工具的身影（图3-37—图3-39），从侧面反映了俄查村民已经感受到现代文明交通出行的便捷，年轻一代的黎族村民渴望与现代社会文明接触。在生存方式上，老一辈的村民过着鸡犬相闻、怡然自乐、自给自足的小农生活；然而新一代的村民走出了俄查村，接触外界社会视野开阔后，黎村青年在村里开设了海南黄花梨手工工艺品小店（图3-40、图3-41），改变了千百年来祖辈的生存方式。

图3-33 初保村人与家畜混住的船型屋

图3-34 俄查村砖混水泥水井

图3-35 水泥小院、砖混水泥水井、
合成树脂水桶

图3-36 黎族村民挑水图、水桶为不锈钢材质

图3-37 俄查黎村船型屋外的自行车（一）

图3-38 俄查黎村船型屋外的自行车（二）

图3-39 俄查黎村船型屋外的摩托车　　　图3-40 黎族青年经营的海南黄花梨手工艺品店

图3-41 海南黄花梨手工艺品

2009年10月1日,恰逢国庆60周年,从万里之外的中东国家阿联酋传来喜讯,联合国教科文组织第四次政府间委员会常规会议批准"黎族传统纺染织绣技艺"进入首批急需保护的非物质文化遗产名录,真正成为世界级的非物质文化遗产。联合国教科文组织专家RituSethi在其审核报告中描述:"黎族纺织品以一种独有的、堪称楷模的方式为中国棉纺织传统,同时为世界手工技艺遗产作出了重要贡献。黎族人民没有文字,纺织活动成为记录其历史的主要方式,而且这一活动进行的方式使之成为一种集体的非物质文化遗产。这里制作的纺织品不是孤立的手工艺品,因为他们拥有具有符号语言性质的并为海南省其他地区的人们所理解的图案,这些符号促进了民族间以及地区间的交流。"[1]俄查村属于黎族五大方言中的美孚方言,美孚方言的黎锦纹样与其他方言有一定的差异性,就色彩层面而言

---

[1] 王学萍.琼岛守望者——黎族[M].上海:上海锦绣文章出版社,2017.

美孚方言较素雅。在俄查村中，我们依然能看到黎族妇女在屋内织锦的场景（图
3-42—图 3-44）。黎锦主要由母女传承，没有文字，靠口头传授。工业化进程的加
速，给黎锦的手工产品带来了不小的冲击。

图3-42　黎族妇女织锦　　　　　　　　图3-43　美孚方言黎锦筒裙

图3-44　黎锦半成品图

船型屋屋顶有一根主梁，值得一提的是，俄查村有些船型屋屋顶的主梁是海
南黄花梨。屋顶呈矩形，村民会在屋顶空间堆放一些生活杂物用品（图 3-45）。
在屋内和屋外经常能看到村民在削竹片（图 3-46、图 3-47），以制作竹编生活用

品的备料。做好的竹编筐篓根据村民的生活习惯悬挂在屋外房檐下。此次在俄查看到的手工艺品还有牛皮凳（图3-48），凳子表面为牛皮，凳子结构由细小的竹子呈几何形相互交织，无不体现着手工艺品的古朴稚拙之美。

图3-45　船型屋屋内顶部图

图3-46　村民制作竹片

图3-47　黎族妇女用竹片编织生活用品

图3-48　牛皮凳

2.再访俄查村

2007年考查黎村时，俄查村、白查村、那文村均是人口规格较大的村落，由于社会经济发展给黎村带来了变迁，使得黎村人屋分离，给船型屋的保护带来了一定的影响。例如1992年开始推行的海南省茅草房改造工程，为了改善海南少数民族住房环境，让村民搬出船型屋，其中省市两级政府给俄查黎村村民每户补贴2万元，俄查村的黎族村民住进了现代砖瓦房。俄查村、白查村、那文村是规模较大的黎族村落，政府出于多种因素考量，出资并出台政策保护了白查村的船型屋，如今，这三村的现存状态有着明显的差异。

2018年，笔者再访俄查村时，只有一地破败的船型屋（图3-49），村民已搬走，烟火气息早已不在。俄查村船型屋的颓败和用进废退的道理一样，加上海南气候潮湿多雨，屋内缺少灶火的温度除潮，造成了船型屋的坍塌，虽然在残败的船型屋内还能看到一些生活器皿（图3-50），但是现在的俄查村早已不复往日生机。潮湿的立面显然无法继续承受厚重的屋顶结构，屋顶裸露的龙骨结构（图3-51）、厚厚的编织葵叶（图3-52）以及龟裂的墙面（图3-53），依然能够看出黎族村民船型屋营造技艺的古朴。在没有人、没有资金、没有政策的"三无"情况下，村口外已经修好的水泥马路可能会加速俄查村的坍塌速度。距离不远的那文村，从航拍勘测显示，船型屋的痕迹已经消失。村民住进了一幢幢砖瓦房，在新村里劳作活动。俄查、那文黎族村落船型屋不同程度的破败消失，也是海南少数民族文化的一大缺憾。

图3-49 俄查坍塌的船型屋

图3-50 遗留的生活器皿

图3-51 裸露的龙骨结构

图3-52 屋顶葵叶细节

图3-53　龟裂的墙面

3. 洪水村

洪水村隶属于海南昌江黎族自治县王下乡，由于王下村地处霸王岭山间平地且境内四面环山，山体连绵起伏，河流纵横，王下乡别名"小西藏"；因盛昌黄花梨，又有"花梨木之乡"美誉之称。其下属村落洪水村原名为红水村，在黎族黎语言中为血水。海南土壤为红褐色，暴雨季节雨水把泥土卷入洪水河流中，整条河流呈红色，再后来相关政府在记录村落时写为洪水村，洪水村就此得名。其道路多崎岖山道，与外界联系不便，受现代文明影响较小，村民生活方式多为自给自足的刀耕火种方式，故洪水村为一个"文化孤岛"。

洪水村落呈河带状聚落形态，布局在月牙形的河谷地带，自东北向西南方向依水而建。聚落布局以住宅为中心，住宅附带牛栏和猪、鸡舍，布隆房位置多为房屋边缘，村落边缘地区为粮仓。洪水村金字茅草屋保留着黎族祖辈住宅技艺，反映了黎族居民的日常生活印记，堪称黎族文化的活化石，村落仍然保留着153间完整的船形草屋，海南当地保存最完整的金字形船型屋聚落就在此处。在黎族文化中有美孚方言黎锦编织工艺、以山兰稻为原料的酿酒技艺，以及与生活相契的黎族歌谣。

洪水村村委会是一栋2层瓷砖白墙楼，作为地方聚居地的一张名片，楼层外观与原始船形茅草屋没有任何关联性，完全脱离了传统建筑形式。新村房屋为白墙金字形屋顶，在建筑形式上保留了传统金字屋顶造型，用材多为红砖水泥，每户人家宅基地很宽，院落里面种植树木，牲畜在自己院落里休憩，邻里道路多为水泥马路。原来老村邻里宅基地之间有一条泥土小道，用于居民通行。老村在地基选址上也很讲究，有一部分房屋地基直接在地面上修建，还有些地基在原有地面上用石块和泥土垒出一定高度进行修建房屋，房屋旁边种植黄花梨，便于保护村民。旧村里为水稻田，这片稻田为祖祖辈辈的居民提供了生存来源。稻田边种植椰树、木瓜、香蕉等亚热带常见果树，丰富了村民的食物来源。稻田旁还有几棵木棉树，木棉花开时呈火红色，为整个村落增添了生机，在一片绿色中格外耀眼。

船型屋最原始造型干栏式住宅样式，平面布局呈长方形，住宅功能区分为上下两层式建筑结构，一层用于饲养牲畜，二层用于居住和生活。门分布于房屋左右侧，在房屋一侧建造竹梯，上层房屋布局分为三间或两间，其中三间布局中间为客厅，两边为居室；两间布局为客厅和居室。后来随着生活方式的转变，黎族村民住宅的演变分为三个阶段：第一阶段，方式由干栏高架式建筑演变成落地式船型屋；第二阶段，海南气候炎热，年平均气温在30℃左右，夏季多台风天气，年降雨量过多，房屋适应当地气候，从落地式船型屋转变为金字形样式；第三阶段，金字形茅草和泥土混合墙体转变为木板墙体，再用竹篾编制上围墙体，易于屋内通风干燥，船型屋屋顶样式为金字形或人字形。

洪水村房屋大都以金字形房屋为主，船型屋屋顶为拱状屋顶，金字形屋顶多为三角形屋顶，在屋顶茅草逐层向下铺到墙角，原始金字形茅草屋使用寿命在10年左右（图3-54）。茅草材料（葵叶）在风吹日晒的环境下易于腐乱，因此居民需要多次修补。茅草屋最大的特点就是通风效果极好，冬暖夏凉，易于修建，材料多为木条和泥土等地方材料，用木条和藤条形成骨架用于屋顶，屋顶结构由粗藤条和木条横竖排列，在横条和竖条相接成十字骨架时用细藤条进行结扎固定。墙体承重力小，是由一根根木条围成形，再用茅草和泥土形成混合物用于墙面。船型屋最大的缺点就是采用的天然材料不便于长久保存，且材料多为可燃性材料，防火性能差，但天然材料使洪水村的茅草屋最为原始。后来金字茅草屋经过改造，屋顶增高，在原有的屋顶上铺有夹芯板形成顶面，在此基础上再铺装葵叶维持原貌。门窗上面用木头或者水泥条加固，外面挂一面竹编帘席遮挡视线。部分屋顶在屋顶骨架上先铺一层防雨布，防止茅草屋顶上有小缝隙时雨水流入室内；部分房屋用一个防风网罩在屋顶上，这样更能有效地保护屋顶的茅草，防止台风天气时被大风刮走（图3-55）。

金字形船型屋在地面上立一根粗壮的木柱作为承脊梁，再以承脊柱为中心搭接两侧承檐柱，构建方式为藤皮条固定成一个整体框架，增加房屋稳定性。在屋顶骨架上左右侧都会延伸出其立面墙较多尺寸，大致为三角形状屋檐，相当于现

图3-54　金字屋（一）　　　　　　　　　　　图3-55　金字屋（二）

在房屋的阳台，空间功能多重分布。一侧屋檐下为前廊，黎族女性编织黎锦、聊天会客、晾晒衣服均在此处，墙角下摆放竹片和藤条编扎成圆形矮凳；屋檐梁上悬挂生活农具，减少地面空间占有率。另一侧屋檐下存放备用屋梁主材和一定数量的葵叶，以备不时之需。在当风一面放置厨房柴火，加快柴火的干燥性。室内屋顶梁作为日常生活用品的搁置架，搁置的大都是较为轻巧的工具。室内功能布局简洁大方，主屋由一张床加一个落地柜构成家具陈设；在厨房墙角修建灶台，灶台上方空间悬挂竖条方架作为主木架，再横放木条用绳索固定成三脚架，用以烘干储存食物。室内屋顶的一部分墙体长年累月受到烟火熏染，色彩有别于其他墙体，颜色更为深沉。室内外空间多方位的布局，无疑表达了黎族村民智慧。

海南省独特的亚热带自然环境和历史文化条件孕育出黎族传统文化。黎族文化以房屋建筑、服装头饰和生活用具等构成物质形态，舞蹈黎歌和风俗人情等构成符号文化，道德和祖先信仰体现了观念文化，也是最能体现黎族文化深层次方面的形式。黎族文化信仰祖先和崇拜自然，自然崇拜的对象是灶神和土地公神，由三块砖组成的灶台用于食物加工，烟火也是人气的象征，村民认为灶神具有一定的灵性，因此对灶台选址十分讲究，要位于房屋风水最佳的位置。村民世代以种植农作物为主，土地为农作物生长提供了养分，他们认为这是土地公的恩赐。在新村，土地位于新房的旁侧，由水泥和红砖建造，其建造风格也和新房风格相呼应。对于祖先的信仰还体现在女性纹身、纹面上，纹身图案是一个家族文化传承的代表、消灾祈福的图腾。村民还有通过祭祀、占卜等方式祈祷全家平安健康的习俗，这些方式无不体现出黎族居民在劳作中的追求，既朴实又贴近生活。

洪水村村落随应自然地势和水源修建，形成了一种黎族符号。从生态视野的角度看，村落布局在半山腰较平缓地带，形成从无序到有序的过程。村落建筑样式很好地融入自然环境当中，与自然环境形成和谐统一的美感。泥土和茅草就地取材，尽可能地减少材料的消耗，每座房屋都能带来精美的艺术感，描绘出黎族人们独具匠心的思想。

伴随着时代变迁的脚步，黎族村落的传统风貌在很大程度上遭受破坏，屋顶呈半倒塌状态，一些船型屋消亡。作为黎族的非物质文化载体，在政府和社会的大力支持下，一部分金字船型屋得以保存，而且具有地域特色和人文气息的船型屋已申报国家非物质遗产旅游景点。洪水村与俄查村的现状又有差异，洪水村原有的船型屋任其坍塌，只对新建的金字屋进行保护，虽然具有了初步的保护意识，但从一定程度上也反映了保护力度不足的现状。

3.3　南强美丽乡村的对比研究

在 2018 年博鳌亚洲论坛年会的开幕典礼上，中共中央总书记习近平重温了这句海南人民耳熟能详的民谣"久久不见久久见，久久见过还想见"。众所周知，博鳌不仅是受到世人关注的政治峰会会址，更是凭借着其独具一格的自然生态环境，积极打造着风景独好的田园小镇，吸引着全国各地的游客前来观光。

在博鳌可以发现两种通过截然不同的"美"。一种是博鳌峰会带来的群英会集，另一种便是更细微真实的生活景观。一个名为"南强村"的古朴村庄就屹立在博鳌峰会会址万泉江的另一岸，人们在那里可以抚摸徐徐海风，听见椰风细语，还可以一睹田园美好风光。

1."南强村"的由来

"南强"一名的由来相传是在康熙年间，南强村当时的莫姓家族由福建搬迁至当时的乐会县，选择在万泉河彼岸中一块田园风景优美的地方安家落户。莫氏家族为了鼓励本族人民振兴家业、发奋图强而引用了一位宋代词人汪洙的诗"将相本无种，男儿当自强"，为了应和在南方图强之意，故取名为"南强村"。在清末和民国初年，南强村村民以种田为主，大多过着贫苦的日子，南强村相当一部分壮年男子为了延续血脉、振兴家业而选择了"下南洋"的历程，这批"南强人"凭借着自己的艰苦奋斗与聪明才智，历经几十年的不懈努力，在南洋小有成就。

当时的南强村在外打拼的华侨有 600 多人，本村村民仅 253 人，是名副其实的"华侨之乡"。功成名就后自然要落叶归根，回归家乡的怀抱，这是"下南洋"的华侨们共同的乡愁，当年外出的年轻人回到家乡重新建设家园，并将南洋的建筑风格注入家乡，与海南黎族传统民居风格相互依存，创造出独特的中西合璧的民居风格，这些带有西方风格的民居如今也成为南强村的一道风景。

2. 建设前的"南强村"

美丽乡村创建前的南强村，村民们长期生活在垃圾成堆、生活环境质量相当恶劣的环境之中，经济来源也仅仅是依靠自家种植的一亩三分的耕地，但伴随着博鳌田园小镇的开发，南强村村民对于自身生活的环境与条件观念也逐渐开始有了转变。

3. "南强村"的美丽乡村建设

乡村振兴战略旨在帮助和激励乡村人民就业与自主创业，拓宽村民们的收入渠道，促进村落中各种产业的和谐发展。2017 年 4 月，琼海政府正式启动有关博鳌美丽乡村的建设项目（图 3-56），并且不断优化空间整体布局和区域产业结构，完善基础配套设施，吸引了社会各界投资，拓宽村民增收渠道。如今，南强村住民凭借优美的生态环境、古老与现代并存的房屋，使南强村很快跻身于博鳌旅游的新热点，吸引着世界各地游客的目光，目前，南强村每日接待旅客量已超过 2000 多人，每月旅游创收超过 3 万元，村民的收入有了大幅提高。

图3-56　中国博鳌田园小镇

　　置身南强村可以感受到它的特色在于古香古色。村中古宅、古巷、古井、古树成为最大的特色。为了能够具体问题具体分析，实现博鳌美丽乡村差异化的发展，当地政府将南强村的美丽乡村发展设定为"艺术＋"村，这种设定的实现便是通过设定艺术家沙龙、艺术家工作室，通过邀请各界名人或是爱好者实地来到南强村进行艺术交流，其中包括书法、国画、雕塑（图3-57）、民乐、指路牌、村规民约（图3-58）等。他们的创作与作品展示起到了整体提升南强村生活环境中艺术氛围的作用。其中各个雕塑更是整个南强村的最大特色。南强村里形态各异的雕塑均出于国家一级美术师徐飞鸿之手，这些系列雕塑无不为南强村增添了浓郁的艺术性。

图3-57　南强村雕塑

图3-58　南强村村规民约

　　南强村中的一重要建筑物"南强客厅"总共分为2层进行建造，一层是按照博鳌传统民居客厅布置，展示当地特色民居文化；二层正在策划村史馆，已收集了部分由村民捐赠的展示侨乡历史文化的老物件。

　　由一座两进式华侨老宅改造而成的凤凰客栈设计主题是"新与旧的对话"。凤凰客栈一方面保留了传统民居原貌，另一方面以星级酒店标准进行改造，古老和现代之间碰撞出别样的艺术之光。

4. 美丽乡村建设与黎族传统民居保护的关系

（1）正面影响

①经济方面：海南黎族传统民居作为海南岛的一个具有独特魅力的旅游项目，适宜的传统民居旅游开发可以促进当地的经济发展。如南强村、中寮村等美丽乡

村所遗留下来的民居建筑，作为景区的旅游资源吸引了不少摄影爱好者、建筑界人士和当地学生前来参观。

②乡村传统文化的载体：旅游开发要满足游客对于乡村文化体验的需求，而现代文明的冲击导致很多乡村旅游地过于商业化，但美丽乡村建设基本上保持了乡村的原汁原味。

③增强居民保护意识：随着经济和生活条件的改善，居民在满足了基本需求后，会增加对更高的精神层次的需求。届时，居民就会意识到独具特色的古老民居的真正价值，而自觉加以保护。

（2）黎族传统民居保护与利用间的矛盾

通过对一些著名古镇、古村落旅游开发实例的了解，可以发现：第一，在黎族传统民居的保护与开发过程中，开发商与旅游经营者通常会忽略传统民居开发的初衷与重点在于传承。南强村原本有较多的保存完好的明清样式建筑，保留了我国古代建筑经典中的硬山、瓦当、坡屋顶等传统元素，但在改造后南强村这些元素基本上统一化了，现在南强村基本上都是灰白色的墙砖，失去了村庄原有的色彩。我们在进行黎族传统民居保护的同时，要保留黎族传统元素，而不应过度强调秩序化。第二，旅游经营者为了迎合游客需求，对传统民居进行大肆整修，使之失去了原来样貌，影响了其应有的历史文化价值。传统民居的开发具有一定的商业性，可以促进被开发地区现代化与城市化的发展，但开发不当将给居民带来一定的影响。在黎族传统民居保护与开发过程中，如果村落中出现过多的娱乐场所，会影响到村落整体的美好安宁。第三，少部分缺乏环保观念的游客可能会对传统民居整体环境或是周遭带来破坏，这些游客对环境的破坏会影响其美学价值。南强村村间道路原本均为青石板地面（图3-59），青石板地面无论从色泽、质地上都显现出一种古朴气息，具有古建筑的独特风韵，具有一定观赏价值。但在考察过程中我们也发现了一部分街道铺上了水泥道路与南强村气质极为不搭。为了能够有效保护传统民居的原始风貌，科学发展传统民居旅游业，我们应该更加重视传统民居开发不当的问题，因为价值传承是对传统民居保护的前提条件。

（3）黎族传统民居保护中存在的问题

①传统民居保护工作在实施进程中，会受到各种客观因素的影响，例如资金缺少或是民居修复技术无法达到等种种因素导致当地村民与传统民居保护工作者心有余而力不足。更为重要的一点是，随着社会的进步和人民生活方式的转变，

图3-59　南强村村内道路

古旧的黎族传统民居在日新月异的现代社会可能已经无法满足村民对生活的需求。例如白查村中遗落的房屋虽多保存完好，但村民早已搬入新村。如今白查村虽每日有游客带来生机但缺乏生活的痕迹，使其成为一片"遗迹"。

　　②现今传统民居保护的普遍方式一般为旅游开发，而不是对村落进行保护性的科学规划。旅游规划占大部分比例，这一做法虽然可以在一定程度上对传统村落起到保护作用，但难免有违初心。另外，将村民迁移至新村，留下空荡的房屋进行保护，失去了村落应有的生机，村落主人走了便算不上真正意义上的村落了。将古旧建筑刷上新油漆再装扮一番，公园化的景色，通过民俗表演吸引游客，开办民宿等等措施，在一定程度上并不能真正对传统民居起到保护作用，但这些措施确实能使村落村民们过上更舒适的生活，还能给村民们带来经济收入，改善生活环境。

　　（4）黎族传统民居的实际价值

　　传统民居是中国传统文化的重要载体，能够反映特定地域的历史文化价值，体现特定时期建筑的艺术审美价值，呈现特定区域的社会生活习俗和社会风俗价值。例如，黎族的"船型屋"、"金字屋"对于海南人民来说，不仅拥有物质价值，同时具有精神价值与文化价值，是有情绪有生命的，它们不仅是居住场所，也是千古以来黎族人民智慧的结晶。

①历史文化价值：传统民居是人类文明发展过程中保存、传承下来的，在时代变迁中留下了历史印记，传统民居的历史价值不仅体现在它所持续存在的时间，更是特定的时代产物，是特定时期和文化下所具有的建筑形式，有着自身内在的历史文化内涵。传统民居作为海南黎族文化的重要组成部分，体现了居民与自然的和谐共存，记录着整个黎族文化的历史脉络。

②艺术审美价值：传统民居作为传统建筑艺术的一种，秉承了传统建筑空间造型艺术，具有艺术观赏性。这些传统民居的内部构造和外部造型的使用等方面无不体现着海南黎族建筑的美学和艺术特点，具有很好的艺术审美价值。

③社会风俗价值：海南黎族传统民居在时代变迁过程中很好地适应了当地文化、民俗和自然环境。体现了当地居民生活的文化特质和风俗习惯。传统民居建筑上所使用的造型、纹样等，很好地体现了当地居民的信仰以及对未来生活的美好憧憬，因此具有较大的社会风俗价值。传统民居作为旅游资源，是有形资源（自然山水、农田、传统建筑）与无形资源（聚落文化、传说逸事）的完美结合体，因此还具有较高的旅游价值。

5. 南强美丽乡村与黎族传统民居的保护

黎族传统民居的保护之所以受到人们重视，主要是因为传统民居不仅具备使用价值，还具备文化价值，蕴含着人类智慧，我们进行传统民居保护目的在于文化与历史的传承，使黎族文化得以永久延续。

（1）黎族传统民居保护的第一要点是对保存完好的房屋进行实地考察，这可以帮助我们更好地了解村民已搬离房屋的保存状态以及究竟还有多少"船型屋"、"金字屋"存在，伴随着科技进步，如今我们可以利用更好的设备对黎族传统民居进行考察，例如无人机的使用有助于整体了解村落布局和规划以及道路走向，摄影可以记录和保存黎族人民的日常生活，这些图像、影像以及文字描述为今后的研究提供了宝贵的资料，这也是对文化的一种传承。

（2）黎族传统民居的保护要统筹兼顾。旅游开发中应充分考虑当地村民的日常工作需求。在南强村考察时，我们发现当地基础配套设施与艺术场所基本满足了村民们的生活需求，同时也满足了游客的旅游需要，实现了美丽乡村建设与黎族传统民居保护的统一性。在充分了解当地村民意愿后，再对民居施行有计划地保护，并提出改造措施。

（3）在黎族传统民居的保护过程中要注意保护当地特色，在保护特色的原则上进行相匹配的民居建造，要把握重点建筑，并且使规划具有可行性。

（4）黎族传统民居在我国上下五千年的建筑历史中属于造型最为简约、建筑方式并不复杂的一类，但简单并不代表容易理解，我们不能仅从网络获取资料，而是应该进行更深入的研究，从而使传统民居保护工作更有效地实施。我们一般将传统民居保护归类为两个方面，一是对建筑进行技术研究，即房屋的尺寸、建筑的材料以及建造方法，二是文化研究，房屋不仅是遮风避雨的地方，还蕴涵着历史文化和人们心理方面的需求。因此对于黎族传统民居保护的研究应该更加注重文化层面，让保护工作更加全面。

（5）黎族传统民居保护工程并非只是政府或保护工作者的责任。黎族传统民居的保护不仅需要有关部门的支持，同时还涉及海南省广大群众的保护意识。因此，让人们了解传统民居保护的必要性以及传统民居的文化价值，激发他们的保护意识，应该进行大量的宣传工作。一方面，政府机构是黎族传统民居保护工作实施的主力军，如何让有关机构的主管负责人正确认识到传统民居保护的重要性值得关注。资金是古村落保护工作实施的重点，如果政府管理人员未意识到传统民居保护的意义，就很有可能对民居保护者提出的资金要求不予置理，更谈不上亲力亲为地参与到保护工作之中。因此，找到合适的方式让管理人员了解传统民居不仅是物化的载体，更是文化的载体，这样才能为将来的保护工作提供便利；另一方面，技术人员除了具有过硬的专业素养和专业技能外，还应该了解黎族文化和黎族历史，这样他们从设计者手中接过图纸后，才能够真正理解到设计中的精神，两者相辅相成，默契合作；其三，除了管理人员和技术人员，另一个重点宣传对象便是青少年。利用各种媒体资源提高全民对于黎族传统民居的保护意识，尤其是青少年的保护意识。青少年是未来社会发展的主体，在不久的将来，他们很有可能成为下一个政府主管、传统民居保护的技术人员或是设计者。我们可以抓住这些潜在的可能，现在就对其进行潜移默化的影响，即使青少年在未来并不参与传统民居的保护工作中，他们也是社会的一员，因此通过宣传增强海南省各界人士对于黎族传统民居的保护意识十分必要。

（6）自从全国各地传统民居保护项目开始实施以来，各个省份都开始结合自己的特色进行探索，从中也有不少成功的案例。但对于其他地区的成功，我们需要做的是借鉴他们成功背后的原因，仔细分析其成功之前对当地经济、文化所带来的影响，然后再借鉴到黎族传统民居的保护上，结合自身的情况进行研究，考量什么样的措施可以给民居保护工作带来最大的效果。黎族传统村落民居的开发不能一成不变，而是应对实际情况进行理性研究，因地制宜，根据不同环境与特点进行。

小结

黎族传统民居是老祖先赠送给海南甚至是整个人类的宝贵财富，具有不可或缺的地位，我们后人应该义不容辞地担负起保护黎族传统民居的重任，传统民居作为我国传统文明的一项载体，更应该受到重视。而在保护传统民居过程中暴露出弊端的大条件下，如何探讨出一系列更为有效的黎族传统民居的保护方法，不仅是学者、设计师等一部分人的责任，也不是仅靠一段时间就可以完全的任务，而是要靠社会各界的关注与全民参与，从而探索出一条适用于海南黎族传统民居保护的道路。

第4章　海南黎族传统民居保护性设计与旅游利用模式研究

4.1　黎族传统村落的保护与再生的转译——初保村

　　一方水土养一方人，自黎族族源文化起源发展至今，初保村的黎族居民历经了多样化的生存环境、风俗习惯的交流共融和漫长的漂泊生活，最终定居在了五指山下的琼州土地上。初保村今天给我们呈现出的整体风貌蕴藏了大量有待发掘的文化遗产，展现出了民族文化的多样性，并以其独特的魅力征服了每一位到访的游客。鉴于初保村独特的村落布局，它的再生体现在以下三点：1. 高度还原现有的原住民生活状态；2. 在保证其原有建筑完整性的同时，能够加大建筑群体量，按照原有风貌特征建设具有现代实用意义的建筑；3. 以旅游业为主要经济来源，在打造配套公共设施、保护原有文化遗产的同时，达到传承和发扬的效果。

1. 初保村保护性设计源泉

（1）保护内容价值导航

①历史研究价值

　　初保村坐落在五指山西麓的毛阳镇牙合村委会，根据笔者对村委会的走访得知，初保村的历史并不悠久，在村落还不存在的时候，初保村的居民分散在周边的山上，20 世纪 60 年代，政府为了方便组织管理村民并且有针对性地进行扶贫教育工作，帮助村民建设了现在的初保村。但短暂的建村历史与初保村所具备的历史文化价值并不冲突，初保村的历史文化价值更多地体现在村落选址的智慧与房屋营建的千年技艺上。正是因为这些点滴中"无意识"的行为，才让考察得出的数据具有真实性。由于黎族传统民居独特的材质，使得它们经常会因自然灾害和人为使用不当而垮塌，所以一所全新的黎族传统民居的使用寿命通常在 3—5 年之间。在初保村中，除去废弃的建筑——小学，入口处的谷仓之外，其余的住宅建筑却依旧保持着其原有的历史风貌，单这一点就具有很高的研究价值。初保村的民居见证了历史的发展、岁月的更迭变换，研究价值早已超出了其作为住宅建筑的使用价值。初保村民居是研究五指山黎族历史发展的重要载体，对于佐证黎族族源文化，人类学视角下的黎族先民人种具有很高的参考价值。

②科学探索价值

由于海南黎族传统村落不以单个形制的房屋出现，仅从艺术学和建筑学角度进行细分显然是不合适的。初保村与现有的其他黎族传统村落相比，不同点在于初保村仍有少量黎族居民居住，鸡舍里还有正在孵蛋的母鸡，猪圈里也有慵懒的"五脚猪"，整个村落还保持着原住民的生活状态，为我们提供了一整套健康的村落生态体系。所以我们在整合科学探索价值的时候，必然要将地形因素、气候环境、村落规划、风土人情等方面考虑进来，那么在横向上就由单个领域拓展为多个领域，包括人类学、民族学、生态学等。初保村整村坐落在一个缓坡上，有一定的高差，但相比于其他搭建在平地的村落而言，这种高差是无法克服的，所以干栏式民居的运用在初保村比较普遍，而干栏式建筑在传统建筑营造技术和建筑材料的选择上又引导研究者从力学的角度进行分析。而且，这种高度差是否会导致村民在选择房屋时，高的地方象征着统治者，低的位置代表着被统治者？其间的尊卑礼法、宗教思想亦耐人寻味，所以初保村的传统民居在各个层面上都值得各界学者前往探索。

③美学价值

由于我国自西向东地势分为三级阶梯，最平稳的第三级阶梯也充斥着丘陵地带，变化多端的地势、丰富的地貌特征使得古代帝王将相和达官贵人修建自己的宫殿时有了很大的发挥空间，相较于平原地区，越加丰富的地貌意味着在高差上能够有更多的想象空间。长期的村落选址和坡地营建活动使得人们越来越善于依山就势，对于江河湖海的运用更是炉火纯青，将自身建筑巧妙地融入自然环境中，在思想以及实际建设上共同达到天人合一的境界。黎族的族源文化在建村地势的要求上有着明确的偏好，黎族先民喜欢在有一定坡度的位置搭建村寨，由于农田灌溉的需要，水源不宜太远。这样做的原因很简单，起初人畜混居的黎族先民们没有茅厕的概念，为了解决生活垃圾及粪便排污等问题，就利用地形地势的高差，再加上海南地区多雨的气候环境，使得雨水能够顺势冲走堆积的污渍。这样一个并不以美观为出发点的房屋设计，使得今天的初保村展现了天地人和的大美景象。

与地理环境的有机结合、自由穿梭的村落布局、层层递进的地势高差使初保村在整体形象上展现了独特的美学魅力，而具体建筑的形制、体量、材料、质感构成了微观的美感。

④社会价值

黎族传统民居为黎族先民从事生产活动提供了庇护，黎族先民多从事农业生产，由于地理位置的特殊性，渔业也是黎族人民经常从事的生产活动。初保村深处五指山腹地，捕鱼业的规模比东方、昌江、陵水等临海市县小，赖以生存的耕地成了他们最大的生活依靠。笔者在对初保村进行多次田野调查时发现，初保村的农民戴着草帽，用镰刀将新鲜竹子去皮和对半劈砍，再以竹条作为结构支撑更换掉原有房屋屋顶上即将腐烂的竹条，还用提前晾晒完成的新鲜葵叶替换掉原有屋顶上的旧葵叶。不开门的山墙一侧堆放着大量木头作为柱子和房梁的替换材料，房屋两侧也悬挂着农业和手工业生产所需要的器具。可见黎族传统民居不仅具有作为居住空间的实用功能，对于日出而作，日落而息的初保村居民来说，也是寄托美好精神的家园。他们在此处进行手工劳作，保持良好和睦的邻里关系，在风俗习惯的传承等各个方面都扮演着承载者的角色。在对这种文化加以保护的同时，如果能用再生设计使其重现往日欣欣向荣的黎村形象，那么分散在祖国各地乃至海外的黎族同胞都会切实感受到民族荣誉，看到再生设计领域隐喻下的本民族文化，在一定程度上也能产生归属感。久而久之，就能有效增强我国民族凝聚力和中华民族的文化自信。

⑤旅游出行价值

正是因为初保村以上的四种价值造就了其独具的旅游价值，再生设计的价值很大一部分也体现在基于旅游目的下的设计研究，开发旅游业是再生设计本体带来延续价值的活动。初保村与其他传统村落一样具有源远流长的族源文化，在村落人流动线，主干道地面铺装上稍加设计规划就可形成流畅舒适的村落布局形态，立面上的高差反而增添了徒步旅行的乐趣。初保村面朝大片水稻田，秩序感的耕地与海岛纯净的晴空白云形成了宜人的海岛自然风光。因为远离城市，狭窄的村内交通也只能选择步行，放慢的脚步带来的是舒缓的生活节奏，这也是旅行者出行寻找的旅游乐趣。与旅游开发相比，保护性设计是摆在首要位置上的，黎族传统民居在具备观赏价值的同时，也具有易被损毁的特性。所以从旅游价值的角度出发，适度的开发才是适合初保村的再生节奏。与其他几个村落无人居住的情况不同，初保村的生活气息浓厚，完全可以打造农家乐、特色民宿等，而抛开保护性的开发将会导致村落失去旅游价值。

（2）初保村特征元素分析

笔者在对初保村考察调研后分析整理出了基于初保村特色的黎族文化，把初保村现有的传统文化要素分为物质文化和非物质文化两大类，并以旅游开发的可能性借鉴点加以提炼，最后得出以自然景观和人文景观为主的 19 个文化元素。对初保村文化保护与传承提出建议，如图 4-1 所示。

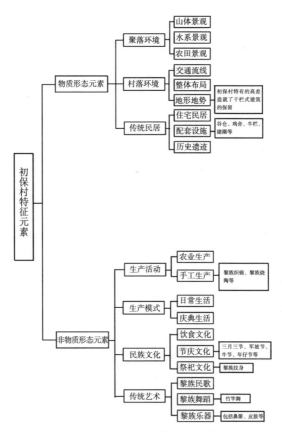

图4-1 初保村特征元素分类图

2.初保村再生设计的出路

（1）整村保护策略

《中国历史文化名城名镇名村保护条例》第四章保护措施中的第二十三条规

定："在历史文化名城、名镇、名村保护范围内从事建设活动，应当符合保护规划的要求，不得损害历史文化遗产的真实性和完整性，不得对其传统格局和历史风貌构成破坏性影响。"[1]

初保村具备其他黎族传统村落不具有的优势，相较于东方市江边乡的若干村落以及昌江黎族自治县王下乡的黎族村落群，初保村是唯一一座居民生活状态完整展现的黎族村落。初保村的民居因为长期投入使用，人为损耗较为严重，在新旧程度上显然比翻新建筑略逊一筹，建筑屋顶的茅草脱落让建筑显得格外老旧，少数民居仍然保留着草根混泥墙。近些年由于地方政府的关怀和全国性扶贫工作的开展，草根混泥墙已经逐渐被木板墙所代替，部分初保村船型屋的外表面用水泥进行了加固，尽可能地靠近黄土色，水泥加固的做法并不是为了保证全村风格的统一，也不是刻意延续民居特色，而是在一定程度上对原始材料的信任造成的。水泥新路代替了原有的泥土路，村民由最初的步行逐渐改为骑摩托车，村内外文化交流日渐紧密。笔者在一次前往初保村的途中，曾遇到几位初保村村民骑着摩托车送孩子前往村镇小学上学，实际上初保村以前有自己的小学，但由于深处山中，导致教学资源的匮乏，使得原本唯一的学校变成了现在的废墟。即使初保村的居民愿意且积极地接受外来文化，但由于长时间保持的生活状态和黎族文化的潜移默化，使得居民在生活细节上仍然沿用古老的方式，例如大量的生活器皿和农业生产用具堆积在房屋外墙侧，村落道路显得拥挤和狭窄。猪圈，鸡舍都没有闲置，笔者多次对初保村进行考察，均能发现猪圈里的"五脚猪"与成群散养的鸡。虽然初保村已经脱离了人畜混居的历史局面，但无论是鸡舍还是猪圈，距离主要住宅房屋都很近，因为初保村的排水系统是基于地形修建的，所以在雨水相对匮乏的季节，牲畜的粪便无法彻底冲刷干净，猪圈以及鸡舍仍有较明显的刺鼻气味。另一个有趣的生活场景是村民拿着镰刀对新鲜竹子去枝削皮，这样的活动每年都会进行2—3次，去皮去枝的竹子将用来替换黎族传统民居独特的屋顶材料，对半劈砍的竹片能够很好地适应船型屋的屋顶弧度，海南岛大片的竹林也为村民提供了充足的建材。这种真实不做作的生活场景比起新开发的黎族美丽乡村为吸引游客刻意编排的生活场景，更加贴近实际，在民生民情的体现上更加真实。初保村之所以能在与外界频繁交流后还保有传统村落居住的习性，很大一部分原

---

[1]　历史文化名城名镇名村保护条例 [S]. 中华人民共和国国务院，2008.

因在于其新村的选址距离老村较远，沿途的植被种植又以芭蕉、槟榔、竹林为主，没有大面积的树荫，单靠步行在海南岛长日照、强紫外线照射的条件下，无法很轻松地到达新村。又由于村落的搬迁带不走农田，在没有交通工具的情况下，相当一部分的初保村原住民选择了居住在老村中，这也为我们进行再生设计的设计师增加了灵感，如何保留现有的生活气息并能够吸引大量的游客前来观摩才是最主要的。

当下最主流的传统村落保护模式是整村保护，这种模式的优势显而易见，在初保村原有的各项基础上进行加固和丰富，既能不破坏原有建筑的面貌，又能延长其使用寿命。并且随着可持续设计的理念推广，越来越多的本地设计师开始注重黎族传统民居文化的学习和了解，有计划有针对性地将浅显易懂的黎族符号加入新建的黎族传统建筑中，尽可能地将新修建的建筑外观设计靠近黎族传统民居，在这种积极的保护态度下开发，最大限度地避免了主流审美对黎族传统民居的过度冲击。

①保护意识缺失

即使是在这种有意识的保护状态下，整村保护的方式方法也会由于部分村民、开发商保护意识的薄弱，造成无法挽回的损失。初保村的村民多是老年人或是妇女儿童，年轻的优质劳动力一部分搬迁去了新村继续从事农业生产活动，一部分则搬入五指山市区或是更远的地方。他们接受了新时期现代思想的影响，穿梭在城市的楼宇之中，由于缺少对于自身家乡传统民居价值的认识以及对黎族文化的认同，在潜意识中他们不断追求汉族文化所带来的现代感，民族保护意识尚未成型，直接导致年轻一代的初保村村民在保护动力上的缺失。还有一部分原因在于整村保护致力于对建筑形式的修缮，让传统村落以最为原始的面貌呈现在游客和各界学者面前，解决的根本问题是对于建筑遗产的保护。而初保村的原住民才是村落保护的主体，他们亟待解决的需求并不是意识形态上的保护意识，也不是外在修复的精细程度，而是对于生活质量的有效提升，民族自信的提升是个缓慢且漫长的过程，不可一蹴而就，所以注重建筑外观的修复，忽略原住民的需求，首先破坏的就是初保村原有的生态系统，导致村落原住民流失，而保护积极性的丧失，很容易造成传统民居人为的损毁。

②形而上的保护形式

对诸多黎族美丽乡村的考察发现，整村保护模式下的黎族传统村落缺乏整体的气氛提升和系统的元素转化。不少传统村落在进行保护实践工作时仍然停留在主干道和标识系统的形象提升方面，原始民居的形象改变不大，两极分化的现象十分明显。更有甚者，为了使建筑尽可能地套上少数民族传统民居的帽子，无所不用其极，黎族符号整搬照抄的现象普遍存在，导致自然环境和历史人文环境都无法重现真正的黎族村庄原始状态。初保村如果处于这样的保护模式下，村民会选择整体迁出，民风民俗将不复存在，初保村也将变成一座废墟，毫无生命力可言。加之缺乏对黎族文化系统的学术研究，采用大量的现代材料进行修缮，造成保护性破坏的先例不在少数。

（2）旅游开发策略

《中国历史文化名城名镇名村保护条例》中第一章总则的第三条表明："历史文化名城、名镇、名村的保护应当遵循科学规划、严格保护的原则，保持和延续其传统格局和历史风貌，维护历史文化遗产的真实性和完整性，继承和弘扬中华民族优秀传统文化，正确处理经济社会发展和历史文化遗产保护的关系。"[1] 针对初保村特有的生态系统，既然要延续历史风貌，那么现有居民的生活模式作为历史风貌的一种延续，无疑是贯穿保护性设计前后最为重要的一点。然而海南省美丽乡村旅游业现阶段的建设动机在于为传统村落的未来谋求发展，这在村落经济增长模式以及原住民生活质量提升上无疑带来了空前的进步，在传统村落的保护领域创造了一定的可塑性条件，旅游开发的特性使得黎族传统村落一改往日农业生产，手工业生产的枯燥和乏味，为传统村落注入活力，改善了整村的形象气质。旅游开发相较于整村保护而言，是为了打造地域性文化吸引游客，在对黎族元素的提取上必将更加考究，又由于旅游开发的需要，文创产品、农副产品板块的完善使得黎族传统手工业能站在旅游产品的舞台上与外界交流，不同程度地保护了濒临失传的手艺。一旦有了经济效益，传统村落原住民就能一方面享受生活质量的提升，一方面沿袭原始的生活习惯，并在一定程度上通过交易获得经济补偿，久而久之文化自信感增强，会促使更多的村民投入黎族文化的保护与旅游活动的开展中。正常的旅游生态链缺不了公共设施的修建，良好的旅游配套设施是乡村旅游的基础，所以旅游开发能够改善黎族传统民居的居住条件和卫生情况，尤其是解决初保村的牲畜居住区距离住宅区过近的问题，妥善运营可以营造良好的生

---

[1] 历史文化名城名镇名村保护条例 [S]. 中华人民共和国国务院，2008.

态环境，科学的排污系统也能在雨水匮乏的季节使猪圈保持相对清洁。

旅游开发的短板：旅游开发带来的是大批的游客涌入，初保村单就居住区来说，并不具备迎接大批量游客同时涌入的能力，狭窄的道路空间和随意堆放的农业生产用具随时可能发生安全隐患，初保村阶梯状的村落地形使得上一层的道路旁就是下一层房屋的屋顶，干燥的葵叶具备易燃的特性，乱扔的烟头和火源的使用不当极易造成房屋燃烧，近距离的排列也会导致连锁反应，酿成无法挽回的后果。加之游客的保护意识相对较差，乱刻乱画、顺手牵羊、随意扔垃圾等不良行为对现有的初保村民居造成一定程度上的破坏。从村民内部因素考虑，游客的到来必将带来大量的外来文化，对初保村原有生活模式也是一种冲击，村民的盲目学习、过分借鉴将导致原有文化氛围的流失。

（3）旅游与再生双轨策略

单纯的整村保护和常规旅游开发模式的弊端显而易见，笔者认为应当实行再生设计和旅游开发并行策略，从设计学角度出发，以再生设计理念围绕大环境进行旅游规划。笔者于2018年4月在初保村考查生态旅游区的开发状况，认为其再生设计必须从生态的深入分析、现有房屋的编制总体规划和闲置用地的合理开发入手，由开发商组成专门研究小组，严格按照传统村落保护红线进行后续工作。正确解读旅游开发的第一要义，从经营转变为保护传承，切忌大刀阔斧、急功近利式的破坏性开发。对初保村老村的修缮应保留其原有生活状态，并以此作为游客和当地居民的互动点。根据开发阶段的不同将开发广度进行分类，在开发初期先对现有建筑进行保护处理，向当地居民学习茅草房搭建技术，适度取用原生态材料，在不影响外部造型的地方使用现代材料提升细节或起固定作用。对于猪圈鸡舍等应先处理卫生问题，保证初保村具备初步旅游接待能力。初步保护的工作本着修缮后原住民还能顺利使用的原则进行。待村落核心部分落成后，已经能够接待部分游客，再由初期的以保护为主转变成以体验为主的初保村特色旅游，围绕核心区域在周边扩建传统民居，扩建区域的房屋应以传统民居原貌进行搭建，以干栏式船型屋和船型屋为主，根据原有地形搭建特色干栏式民宿。此时的房屋功能由基本接待转变为以观光体验为主的体验性设计，房屋部分结构可采用处理过的现代材料，例如以泥浆色的水泥砂浆替换原有的草根混泥墙。这样的设计规划可以在不破坏村庄整体氛围的情况下扩大初保村的接待能力和旅游规模，丰富的民俗文化体验使得初保村成为口碑旅游区。此后设计师用再生设计理念打造度假酒店和特色餐饮服务，提炼特色元素以现代材料为主进行开发。部分立面采用原始材料进行黎族传统建筑的隐喻。同时有针对性地种植热带水果等，在保证自给自足的同时还能有额外的经济收入。初保村景区内部交通应选用旅游电瓶车、自行车、步行等方式，尽可能地减少与原始村落环境相违背的现代工具（图4-2）。

图4-2　初保村"开发方案"概况

小结

　　结合初保村的主要矛盾，笔者得出初保村保护性设计的出路既不在整村保护模式，也不在旅游开发模式，而是在阶段性地保护外加徐图改良的开发。初保村最大的特点同时也是其最急需保护之处，再生设计不仅针对单个建筑物的外形设计，同样也是旅游区域的景观规划设计。在初保村的问题上一定要坚持政府的主导地位，以保护原有核心建筑群为出发点，以居民全体参与的原则进行接下来的综合效益的提升，达到对于初保村黎族民居最初的保护与传承的目的。

4.2　黎族美丽乡村的"海绵式"斥地——中廖村

1. 美丽乡村——中廖村概况

　　中廖村位于三亚市吉阳区，处于东线高速公路与海榆中线公路相交处，在村落周围有4个"5A"级景区，是三亚市区附近自然环境最优美的黎族村落，地理位置、条件均比较优越。在中廖村中,所有村民均为黎族同胞,村落中景观面积 1100 余亩,包含了全村总户数的两成(图 4-3)。

中廖村生态宜居、民风淳朴、村风文明,是被外人称赞为海南"望得见山,看得见水,记得住乡愁"的美丽乡村。村落的良好民风与生态也引起了政府的关注,在海南省有关部门的支持下,中廖村村民经过 4 个月的努力,按照国家倡导的"海绵式"建设的要求和标准,不砍树、不拆房、不征地、不填塘、不贪大、不求洋,积极进行美丽乡村建设改造。中廖村成了海南省建设美丽乡村的一面旗帜,获得了多方的关注与褒扬。

现如今,中廖村以朝南、中和、新田、芭蕉四个自然村为试点,率先开展美丽乡村的建设改造,中廖村的娱乐活动主要以黎族歌舞、骑行游览、节日活动等体验性、互动性较强的娱乐活动为主,同时配合村民们自营的农家餐饮与住宿,所得到的经济收入由村民自主管理。中廖村的旅游产业以徒步观光、农业体验为主,这类旅游产业与民宿的经营模式相辅相成,更好地推动了中廖村的经济发展。

图4-3 中廖村航拍照片

2. 中廖村美丽乡村工程建设情况

2015 年,在政府提供资金与技术支持的前提下,中廖村着手开展第一期美丽乡村工程建设,工程于 2016 年基本竣工。美丽乡村建设秉持了"不大拆大建、不求新求洋"的理念,工程多为对原有的基础设施进行升级改造,并没有大兴土木,房屋建筑力求维持原样,仅改变外部样式,屋内格局根据改造后的格局重新排布。这种改造的优点是基本不会改变村庄的空间格局,无论是街道整体结构亦或布局与改造工程前相比均无大的变化，真正做到了保存中廖特色文化、保留中廖整体风貌、保持中廖黎寨风情、保住中廖原始生态。中廖村二期美丽乡村建设于2017年6月基本完成。在这两期工程建设中，着眼于村落基础设施的建设与完善，其目的是提高中廖村村民的经济收入，并力争将中廖村打造成农业、旅游合二为一的开放式美丽乡村。经过近几年的改造，中廖村建设完成了桥头建筑、榕树广场等一批自然气息浓郁、文化特点鲜明的景点，村民的居住、生活环境与之前相比都有了质的飞跃。中廖村美丽乡村建设有以下成效：

（1）村庄编制规划更为科学

中廖村委托研究院编制了《三亚市吉阳区中廖村美丽乡村建设规划》，根据专家在实地考察得到的资料编制了一套符合中廖村实际情况、长期短期相互结合的科学建设规划。规划设计了"五带五区"，以此带动村落第三产业的发展，加速推动中廖村农旅融合。在建设规划编制的过程中，研究院从村民的角度考虑，以专家的眼光策划。力求做到规划切合中廖村实际、黎族特色突出、各个区域可持续性发展。

（2）公共服务配套日趋完善

在一期、二期中廖村美丽乡村的建设过程中，对村落道路进行了合理的规划设计，在顺应原有村落街道的同时，打通了"断头路"，实现了中廖村的"户户通"。与此同时，中廖村对村中约2公里长的主干道进行了升级，路面用沥青进行了硬化，并铺装了人行道。在此基础之上，中廖村全面配置了交通指示牌，为游客提供了安全、畅通的道路交通环境；村落建设了可停放100余辆车的大型停车场以及两个公交候车站，满足了村民与游客的出行需要；村落亮化建设全面完成，中廖村的8个自然村全部架设了路灯并通上了电，不仅为村民的夜间活动提供了便捷，也为游客的夜间出行提供了保障；中廖村改造升级了村中的便民服务中心，以给村民们提供便利为宗旨，零距离服务中廖村村民。村委会办公场所更加注重功能性的建设，实行一站式办公，直接在村里给村民提供便捷、优质的服务，让村民不用出村就能解决大部分问题；村落中增设了多个景观节点，景观多着重展现美丽乡村工程后中廖村的新气象，采用生态自然的手法，并将其与黎族文化相结合，美化了村民休闲生活的环境，为村落的精神文明生活增添了色彩。

（3）居住、生活环境明显改善

在美丽乡村建设过程中，村中逐步建立了长效的环境卫生保洁机制，由区政府出资，由保洁公司提供服务，负责乡村道路与公共区域的卫生保洁；在保证卫生治理机制完善的同时，中廖村加强了村民们的环境保护意识，在村内制作、安置了卫生宣传标识牌，发放环境保护宣传手册，广泛开展了有关环境卫生的评比活动，这些举措增强了村民整治卫生、保护环境的主动性和积极性，为长期性的保护村落环境卫生提供了保证；中廖村整体整治了水体，水质清澈、内无淤积，全村普及安全用水，自来水管道已经铺设到村里，时至今日，中廖村的水质已经符合国家生活饮用水的标准；于村口设立的主入口简洁大方、易于辨识，摆放位置醒目，村中路口设置的标识与村中自然环境融为一体，简洁明了；中廖村原始自然环境优美，在美丽乡村化建设的过程中，政府加大了村内的绿化力度，在一期、二期工程结束后，中廖村的绿化率高达 90%。同时，村委会制定村规，要求村民们保护树木，明令禁止村中乱砍滥伐的现象，并对村落道路两旁的 75 棵黄花梨、沉香等名贵景观植物进行了登记挂牌；中廖村对村落原来的旧房、危房实施了彻底的整治改造，新建设改造的民居风貌特色鲜明，房屋与庭院整体风格协调，着重突出黎族的乡土风情；目前改造的民居建筑均匀地分布在主要景观的节点之上，在改善人居环境的同时给游客提供了优美的街景。

3. 中廖村乡村优质旅游构建措施

中廖村在建设美丽乡村过程中遵循三亚市美丽乡村建设的要求以及"海绵式"的建设规划理念，坚持政府的指导。规划设计时充分结合当地的民风民俗，保留村落本土黎族特色文化，在建设改造的过程中，中廖村逐渐找到了属于自己的开发模式，该模式将美丽乡村、黎族传统文化与旅游产业相结合，在改善村民的居住、生活环境的同时，将黎族传统文化的装饰、符号等融入民居建筑中，吸引游客前来观赏、游玩，从而增加村民们的经济收入，形成了一个良性循环。该模式特点如下：

（1）将村落整体规划置于首位，挖掘村落特色文化

中廖村在进行美丽乡村建设时，首先由专家作系统分析，再邀请专业设计公司进行规划，根据中廖村的实际情况对村落的整体布局以及各个功能分区精心设计。建设时坚持规划先行，宁留空白，不留遗憾。中廖村的总体建设布局规划挖掘了村内的三大特色资源，并以此为基础，规划了"五带五区"，突出了中廖村的文化特色：

①突出黎族文化特色

作为一个纯黎族村庄，中廖村在开发建设的过程中，以尊重村民的生活习惯、民俗民风为前提，让村民们参与到美丽乡村的建设中来，中廖村虽按照景区的模式进行开发设计，但其初衷是改善中廖村村民的生活，让村民以主人翁的身份建设、改造自己的村庄，切实地用自己的双手改变自己居住的地方。由于黎族同胞亲手进行了大量的建设，改造完成的中廖村使用了大量的黎族元素符号，村落中黎族文化气息浓郁，对村落继承、弘扬黎族传统文化有着莫大的帮助。

②突出旅游文化特色

改造后的中廖村，着眼于衣、食、住、行、购、娱等常见乡村旅游元素的挖掘与开发，完善了村落中的服务设施。在饮食方面，中廖村除了农家菜肴，还有咖啡厅、传统小吃作坊的餐饮设施；在景观方面，无论是错落有致、特色鲜明的民居建筑，还是绿意盎然、生机勃勃的自然风光，都会让游客眼前一亮，流连忘返；在娱乐方面，中廖村不仅有环绕全村的骑行栈道，还会定期组织黎族传统歌舞表演，吸引众多游客驻足赶往，亲身体验黎族歌舞的魅力所在。

③突出环境特色

中廖村在进行美丽乡村建设时，采用"海绵化"的建设理念，即不大兴土木，在原有空间布局的基础之上进行改造，这也是为了保护中廖村的自然环境。通过这种合理的保护，达到生态与人文的最佳融合，将人、自然、环境三者融为一体，让村民"望得见山、看得见水、记得住乡愁。"村委会坚持中廖村的绿色生态建设，也是意识到了只有良好的生态才能吸引更多的游客，形成更好的经济效应。这种良性的模式可以给中廖村带来更多的发展机遇，推动中廖村旅游产业的发展。

（2）吸引企业投资开发，着重建设基础设施

中廖村获得政府的资助之后，首先做的是建设、完善村中的基础设施，让中廖村初步具有市场运作与旅游开发的条件与可能，并以此为条件撬动社会资本投入。在第二期美丽乡村建设工程中，成功引进央企深圳华侨城（海南）投资有限公司的投资，企业与中廖村委会达成合作，主要以租金的方式从村民手上租赁土地和民宅，并进行旅游产业项目的开发，目前华侨城投入了数千万元，建设了景观花海及配套设施、阿爸茶社、花瓣咖啡厅、售票厅、李家院子民宿休闲园、黎族特色民宿、小姨家厨房、黎家小院演艺楼等一系列运营点，覆盖了衣、食、住、行多个方面，企业投资使得中廖村的改造资金得到了进一步的扩充，秉承着与村

民"共建、共享、共治、共赢"的合作理念,通过"农业+旅游业"的开发模式,深度开发,精致打造,不仅提升了中廖村的文化内涵,还将村民引领上了更为广阔的致富之路之上。

(3)传统文化与现代元素相结合

中廖村保留了原来的整体建筑风格,开发时留存了本土的特色文化,将原来村落中的老物件、老房子进行包装升级,这种保护改造原有建筑的建设方式从一定程度上保护了中廖村原始的黎族风情与传统文化。同时,中廖村在美丽乡村建设时积极地挖掘黎族文化元素,并将之与新的建筑相结合,让黎族传统文化在村落中相互融合、相互渗透。与之相对应的大榕树广场、骑行驿站、春天里咖啡厅、垃圾站、污水处理厂等则提升了中廖村的现代感,体现了村落的进步与发展的迅速,让游客们在享受乡村的田园风光的同时更能享受到城市般的服务品质。

4. 旅游产业视角下的中廖村设计规划现状

(1)民居建筑

在中廖村中,海南黎族船型屋、金字屋等传统民居建筑不复存在,取而代之的是一层或者多层的新式平房,在外部进行了装饰改造,外部装饰是通过对黎族历史、文化进行的深入探索和理解,以及与周围的自然环境相结合而精心设计施工的,门窗的线条和墙面的图案多为黎族所独有的纹理,屋顶与走廊上也多吊挂黎族特色的吊饰。其他如黎族船型屋造型的门楼,以及竹篱围栏等黎族风格特色的装饰也随处可见。精致且富有特色的民居建筑使中廖村黎族风情浓郁,达到了凸显地域文化、协调整体环境的良好效果。在考察的过程中,最让人眼前一亮的便是村中的农家阅读服务点——村上书屋,村上书屋是综合性书屋,藏书多为20世纪七八十年代的绝版经典怀旧书籍。村上书屋由中廖村原有的老建筑改建而成,装饰复古中带着现代感,内部整体上分为茶饮区和阅读区两个区域,阅读区书架摆放井然有序,并在周围设置了木质台阶,方便读者阅读。茶饮区环境雅致,布局简约大气,光线充足,给游客提供了悠闲舒适的休息空间;茶饮区的吊顶利用了黎族船型屋屋顶的样式进行装饰,并进行了镂空,使得阳光能从屋顶上透洒进来,增加区域白天的亮度(图4-4),而阅读区的吊顶用带有黎族风格图案的木质板材进行装饰,整体上显得古韵十足。一本书、一壶茶或者一杯咖啡,坐看云卷云舒,静听花开花落。在村上书屋,读者可以充分享受到读书之趣。

图4-4　黎村中"村上书屋"内部

（2）街道布局规划

中廖村街道的空间布局在整体上与改造前基本相同，多为将原来的"断头路"打通，提升了村内道路的通达水平，实现村民之间的"户户通"，同时对村中的主干道进行升级改造，扩大路面宽度，铺设沥青硬化路面并铺装人行道，使得主干道更加宽阔（图4-5）。乡村街道的合理设置以及道路的加宽给游客带来一种舒适的感觉。笔者居住在海口，市区街道与楼房的布局相对来说比较狭窄，再加上潮水般人流，给人带来紧张、繁忙的感觉，村落与市区空间的鲜明对比使得这种舒适感更加明显。在道路升级的基础之上，中廖村绘制了骑行线路，增设了中和河莲花、环湖等多座各具风格的栈道，骑行路线串联中廖村多处景点，骑行所至两侧田野、树林、河流等田园风光，吸引了大批爱好者前来观赏。游客来乡村旅游观光，更多的是为了远离城市的喧嚣，享受乡村的宁静与安逸，中廖村合理的街道布局更加凸显这一特点，从而吸引更多游客，扩大村落的旅游产业，提高村民的经济收入。

（3）IP形象

作为文化传承的优秀载体，可爱、生动的IP形象成为当今社会的热点之一。为了更加形象地向游客展示黎族传统文化，华侨城企业聘请专业的团队创作了中廖村专属IP形象。该IP是根据黎族大力神的创始传说以及黎族图腾上的大力神形象绘制而成的，卡通画后的大力神更加趣味化、人格化、立体化，易于被人们所接受。附带的还有基于槟榔形象的槟榔仔、基于椰子形象的椰壳怪等俏皮可爱的 IP 形象（图 4-6）。为了更好地推广、传播自己的 IP 形象，中廖村村民将其绘制在民宅的墙体上，并添加在村中的标识系统上，这些 IP 形象融入了中廖村的各类设施当中，成为中廖村的特色文化之一，是青年人追捧的热点、摄影爱好者的佳选。

IP 形象的创作是中廖村在建设美丽乡村的过程中挖掘黎族文化的新思路，它不仅将中廖村的黎族特色文化更加形象、立体地向游客展示出来，也为中廖村的市场开发提供了一个有效载体，为海南政府一直倡导的本土文化活化提供了新的范本。

图4-5　开阔的街道

图4-6　中廖村IP形象

（4）标识与公共设施

中廖村在美丽乡村的建设过程中，配备了丰富且完善的标识系统，主要包括：乡村入口形象标识牌、店铺招牌、旅游全景导览图、道路多项指示牌、公告宣传栏及其他导向标识牌等。标识的样式是设计师根据中廖村的民风民俗和地方的装饰风格展开设计的，并将中廖村的IP形象巧妙地融入其中，增添了标识的生动性与趣味性，标识材料选用的是企业自主研发的不锈钢仿木纹技术，体现了中廖村原生态的旅游生态艺术。在公共设施方面，中廖村除了大量的填补、完善，更在外观造型上进行了精心的设计，与中廖村黎族特色文化相结合，成为村中一道独特的"风景线"（图4-7）。例如村中的商品货架，借鉴了黎族船型屋的屋顶部分，在材质上选择葵叶制作棚顶；再如公共垃圾桶，在现代造型的基础之上绘画了中廖村的IP形象，配合上环保标语，显得生动可爱。标识系统与公共设施的建设让旅客尽享完美乡村旅游体验，真正打造成了集文化、创意、艺术、旅游为一体的美丽乡村。

图4-7　中廖村公共设施

（5）黎族特色文化表演

为了让游客近距离地体验黎族传统文化，一些中廖村村民将自己的民居改造成演艺小院，为来往的游客表演黎曲黎舞。黎族的民歌多通过口头传唱，歌曲浑厚朴实，乡土气息浓郁，代表作有《捡螺歌》、《久久不见久久见》等；黎族传统舞蹈则更为丰富，舞蹈的灵感多来自黎族本土的宗教文化、人民对大自然的尊崇

以及日常生活生产的提炼，代表作有《竹竿舞》、《春米舞》等，舞蹈再现了过去
黎族同胞生产生活的方式，表现渴望与神对话、祈祷丰收的共同心理。黎族民谣
与舞蹈经常融为一体进行表演，在演艺小院中，中廖村村民穿着自己民族的传统
服饰载歌载舞，衬托出鲜明的民族特色与浓郁的乡土风情。当表演开始时，总会
吸引大批游客驻足参观，在表演的过程中演员也会邀请观众们一起参与进来，让
游客切身体验黎族传统文化，感受黎族歌舞的魅力之处（图4-8）；而到了黎族的
传统节日时，村落则会更加热闹。黎族传统节日个性鲜明、特点突出，其中最为
盛大的便是"三月三"，在这一天，中廖村村民会举行盛大的节日活动，在活动
中他们会用自己民族中丰富多彩的歌舞来表达自己内心的快乐与喜悦。整个节日
氛围热烈，让来往的游客沉醉在欢愉的气氛中无法自拔。随着时代的变迁和社会
的发展，中廖村黎族文化表演成为吸引游客的最大法宝，它不仅是中廖村历史的
见证，更是中廖村旅游产业发展的依靠。

图4-8　黎族传统文化表演

5. 中廖民居建筑与黎族传统民居建筑的关系

中廖村在美丽乡村的过程中彻底放弃了黎族传统民居建筑，更多地是在现代
建筑上应用黎族装饰元素，从而达到更加凸显中廖村民居建筑外观黎族风格特色
的作用，丰富了黎族文化的应用领域，将黎族建筑风格广泛应用在海南新式民居
建筑上。

中廖村民居建筑应用了丰富多样的黎族传统民居的装饰性元素，例如在窗体、

围栏结构上，广泛使用了黎锦的编织图案。黎族同胞所编制的黎锦图案结构鲜明、造型独特，成为黎族传统文化特色之一，黎锦上面简洁、独特的纹理非常适合转化到建筑中去，形成一种独特的、充满黎族文化气息的纹络图案。黎锦的结构序列化特点明显，并在黎锦的首尾设计独特的图案，整体上组成有序的、规则的织锦。中廖村里许多民居建筑应用的黎族装饰元素，都是从黎锦中的图案演变、转化而来的。这些黎族传统文化装饰符号不仅美化了中廖村的民居建筑，更向游客展示了中廖村所独有的黎族文化韵息。

中廖村对黎族传统文化的展示多以应用黎族装饰元素为主，其实，中廖村还可以将更多的其他元素应用在建筑中。例如对黎族传统建筑材料的应用，黎族同胞在海南岛上生活了漫长的岁月，使用的建筑材料都有着良好的借鉴价值。例如，屋顶所使用的茅草材质具有易干燥、易采集、易加工的特点。层叠的茅草不仅能够遮风挡雨，更因为其材质的特点使内部的温度保持相对恒定，使室内冬暖夏凉。对中廖村的现代建筑而言，还要考虑建筑材料的耐久性等要素，新建的建筑可以相对合理地使用竹子一类的材质，这一类材质也是海南岛上常见的材料，茅草屋顶与竹子的搭配使用可以更好地支撑建筑且使茅草相对不易腐蚀。符合中廖村民居建筑对黎族文化特色展示度的需要，更好地将中廖村民居建筑与自然融为一体。除了将黎族传统民居元素应用于中廖村的民居建筑上，中廖村在美丽乡村建设时亦可将这些元素应用于村庄入口以及景观建筑入口之上，这些位置都是对中廖村文化展示的优秀平台，可以对中廖村的旅游产业起到良好的辅助作用。

目前，中廖村的美丽乡村建设工作正进行得如火如荼，在政府的支持以及企业的资助之下，中廖村无论是村落建设还是旅游产业的开发都有了很大程度的发展，美丽乡村的规划建设正在逐渐展示它的作用所在。然而，我们仍然不能掉以轻心，乡村文化的保护与传承形势依然十分严峻。这主要是现代化进程的快速发展给乡村带来的冲击与消解，使得乡村文化的保护变得相对困难。因此，美丽乡村建设还必须听从党和政府的正确指导，通过完善政府保障机制、加强顶层科学设计、激发村民内生动力，使乡村文化得到长久的保护与发展。中廖村的建设与发展是国家美丽乡村建设的一块里程碑，它不仅是改善了村落的居住、生活环境，更为其他的乡村提供了样板，让其可以通过借鉴、研究中廖村的建设开发模式找到适合自己的美丽乡村建设方案。

4.3 黎族传统村落的保护与旅游再生设计整合范式——槟榔谷

黎族传统村落是中华民族最珍贵的遗产之一。它不仅拥有最具代表性的黎族传统民居船型屋，而且还蕴藏着黎族悠久的历史和绚丽的民族文化。然而，随着社会经济的飞速发展，传统的黎族村落正在慢慢地弱化，甚至渐渐消失。因此，如何保护黎族传统村落，是一个值得当代人们深思的问题。槟榔谷旅游项目将传统村落保护和旅游开发有机结合，既保留了传统村落的"古"，又赋予当今时代的"新"，两者相互融合，使古村落焕发出生机，也让旅游项目更具魅力，不失为保护传统村落的有效路径。

1. 黎族传统村落保护的必要性

（1）黎族传统村落概要

一个地方有人有屋，有生产有生活，而且与周围的自然环境和谐相融，才能称得上村落，而传统村落其"传统"二字集中反映了村落的古老及丰富的文化内涵。

黎族是海南岛最早的开拓者，黎族传统村落是海南岛最古老的民族村落。在3000多年前，黎族祖先便驾船渡海来到海南岛，盖起独具特色的船型屋，在这里开荒种地，出海打渔，生产生活，繁衍后代。随着时间的推移，人口越来越多，村庄越来越大，文化积淀也越来越深厚，这就形成了我们后来看到的黎族传统村落。可见，传统村落的形成不是一蹴而就的，而是在悠长的历史进程中，在人们不断进步的生产方式和生活方式中慢慢形成的，这是一个漫长的日趋向上的动态过程。

白查村是典型的黎族村落之一，80多间船型屋赫然在目，非常壮观。船型屋是黎族村落的标志性建筑，也是黎族村落最具辨识度的文化符号。黎族人建造船型屋均就地取材，用泥土筑墙，用藤条编制屋顶构架，再层层盖上茅草直垂至地面。其外表犹如一艘倒扣的渔船，其实质是黎族人生产方式和生活方式的反映。黎族祖先过的是水居生活，后来变为陆居，但仍然对船有着敬仰和依赖，因此，船型屋对黎族人来说，就是无法替代的精神家园。船型屋有大有小，有普通的居所，也有供男女青年谈情说爱的"隆闺"，还有尊者长者居住的"隆奥雅"，这反映了黎族的婚嫁文化和伦理文化。所以，有船型屋这种黎族特有的传统民居，还有反映在黎族生产方式和生活方式上的黎族文化，才有了神秘的黎族传统村落。

（2）黎族传统村落现状分析

前些年，官方媒体公布，我国10年消失了90万个自然村落，比较保守的说法是每天消失80—100个古村落。传统村落是不可再生的珍贵遗产，也是中华民族文化的瑰宝，以这样的速度消亡是令人心疼的。海南的黎族传统村落因其古老而稀少更显得弥足珍贵。那么，它的现状怎么样呢？在日新月异的社会进程中，整体的趋向也是慢慢弱化，渐渐消亡。首先，规模小、人口少的村落已经自然消失。这些小村落往往地处偏僻山区，自然环境恶劣，生活极不便利。当村民经济条件改善，便举家迁居别处，自然村寨消失。其次，在规模较大的黎族村落，传统元素被取代，失去了"古"色和民族味儿。这些村落往往拥有得天独厚的地理位置和环境，便于与外界的信息沟通和交通往来，与城镇的衔接也很紧密。改革开放以后，经济发展较快，村民生活条件有效改善，城镇化趋势明显。比如，船型屋被楼房取代，村民离开了低矮阴暗的船型屋，住上了宽敞明亮的楼房。这种村落虽然居住的仍是黎族同胞，但生活方式和生产方式已经改变，黎族文化也慢慢弱化，严格意义上讲已不能称之"传统"黎族村落了。再次，较典型完整的黎族传统村落处于政府的出资保护中，比如白查村。2008年，黎族船型屋营造技艺列入国家非物质文化遗产，白查村被称为最后一个黎族古村落。白查村引起社会各界学者的广泛关注，政府出资对其进行了保护。白查村的居民整体搬离住进新村，白查村的船型屋得到整理修缮，然后供游人参观。最后，在较完整典型的黎族古村落，居民大多搬离，村落少有人居住，船型屋已经人去楼空，如俄查村、那文村。这两个村落规模较大，船型屋数量多，黎族元素突出，但是，因为没有保护措施，船型屋日渐坍塌，村落也奄奄一息。

黎族传统村落是海南独有的特色民族文化，在全国，乃至全世界都是非常宝贵、绝无仅有的。它蕴藏着黎族悠久的历史进程和深厚的文化积淀，是黎族同胞农耕文明时期留下的珍贵遗产。如此珍贵的文化形式在渐渐消失令人担忧，对其实施有效保护迫在眉睫。

（3）黎族传统村落保护路径探寻

2014年，中华人民共和国住建部、文物局、财政部联合印发了《关于切实加强中国传统村落保护的指导意见》，对我国古村落保护提出了任务和基本要求。专家也指出传统村落有很强的地域性和民族性，所以对传统村落的保护要切合当地的实际，既要全面考虑自然环境、气候，又要考虑民族文化、民族特色。探寻黎族传统村落的保护路径，不至于使黎族传统村落保护南辕北辙，迷失方向。

一是"活态"保护模式，即让失去生机的古村落"复活"，让仍然活着的古村落活得更好。这是保护传统村落的上上之策。任何一个村落仅有特色民居建筑是不够的，如果没有人在村落里居住生活，就像没有血脉的躯壳，毫无生气。因此，专家多提倡还原古村落原貌，恢复古村落气质。让屋舍如旧，生活方式如旧，既有鸡犬相闻，也有欢声笑语，还要有炊烟袅袅。比如浙江省松阳县，较早就提出古村落保护思路，冯骥才、黄永松等名家都到松阳做过现场指导。该县保持相对完整的古村落有 71 个，村中民居多为明清建筑，泥墙黑瓦，古朴厚重。松阳一直推行活态保护模式，即修复老屋，让村民在传统村落中生产生活，复活农耕文明。这种模式得到专家的高度认可，被住建部授予"中国传统村落发展示范县"。活态保护能让传统村落跟随着时代步伐，不断延续和发展，这是对古村落最好的保护。那么用这种方式保护黎族传统村落是否可行？有专家做过研究，觉得实施起来很难。因为黎族传统村落多处偏远山区，而且船型屋的居住条件差，不能满足现代生活的需要，村落里最重要的问题——居民不愿意再回去居住。所以，受海南地域特质的限制，黎族古村落的活态保护很难实现。

二是"固化"保护模式。即将古村落定格在某个时期，就如博物馆里的文物。这种保护模式是把传统村落中的居民全部撤走，再把民居建筑予以修缮，然后派人员管理。游人可以观赏拍照，学者可以当标本研究。这种模式看重的是村落中的物化遗产，如建筑、古树、寺庙等，而忽视了村落的文化和民俗，其弊端就是村落失去了生气。一个失去了精气神的村落自然也丧失了很多文化传承的价值。白查村的保护模式与此相类似，白查村由政府出资管理，平时有人看管和维修。但是白查村的船型屋因为无人居住，破败的速度很快，有的已经屋顶漏雨，墙壁破损。如果持续修缮费用会很大，政府的一点资金远远不足。可见，用这种固化的模式保护黎族传统村落，也不是最理想的选择。

三是旅游利用模式。将传统村落保护与旅游相结合，通过旅游的合理开发，挖掘黎族传统村落的文化价值，带动旅游发展，同时也给黎族传统村落带来人气和经济收入。海南省是国际旅游大省，海岛风光吸引了无数的游客。黎族传统村落只有海南才有，在全世界都是唯一的，因此它是一个足以吸人眼球的旅游资源。将黎族传统村落融入旅游，可以给海南省旅游增加民族文化内涵，从而提升海南省旅游的品质。同时，让黎族传统村落接收新时代的信息，不仅让传统村落得以保护，而且还有所创新和发展。这种模式可能会失去一部分黎族传统村落的原味儿，但它符合海南省的地域特征，跟得上海南省发展的脚步，是海南省黎族传统村落可行的途径。

2. 槟榔谷旅游利用模式解读

槟榔谷，全称海南槟榔谷黎苗文化旅游区。通过解读景区名称可知，该旅游区融合了海南热带雨林风光、黎族文化、苗族文化、风情表演等内容，是一个由诸多旅游资源整合起来的大型旅游项目。槟榔谷集聚了海南省最具代表性的本土文化，有甘什岭黎族村寨，有海南非遗展馆，有织锦技艺展示，有竹编技艺展示，还有大型民族风情表演，是民族文化与旅游开发相融合的典范。游客来到槟榔谷不仅可观赏热带雨林风光，还能近距离感受黎族民俗，体验黎族风情，了解黎族文化。

（1）黎族村寨的原貌展示，赋予传统村落文化自信

槟榔谷景区在甘什岭自然保护区，里面有一个黎族传统村落——甘什黎村。甘什黎村是景区的一个核心景点，在这里"售卖"的就是海南原住民——黎族的传统文化。景区对黎族村落的保护体现在两个方面：一是依托甘什黎村对黎族传统村落进行了原貌展示。在甘什黎村的原址上，保留了黎族传统村落的原本样貌：船型屋、古树、小路等。尤其是黎族独特的传统民居船型屋，槟榔谷在开发过程中对其进行了修缮还原，然后在景区进行实物实景展示。船型屋既是黎族同胞赖以生存的居所，又是黎族人生活方式和生产方式的体现，是黎族村落的标志。人们在距离三亚市区不到30公里的槟榔谷景区，能够看到古老的船型屋，能近距离感受黎族同胞的生活环境，这也是对黎族文化的一种传承。二是在甘什黎村展示了黎族同胞生产生活场景。比如黎族妇女的织锦，还有黎族人藤编手艺展示等。海南岛黎族妇女的民间织锦图案精美、色彩艳丽，被列为国家级非物质文化遗产。走进槟榔谷甘什黎村，就能看到一些身著黎族服装且纹面的黎族妇女织锦的场面，非常有民族特色和生活感、真实感。这种种场景呈现的是黎族同胞的生活生产方式，是黎族村落文化的再现。槟榔谷对黎族传统村落的开发利用既保护了船型屋，还让屋里有人，有生产生活方式，极大地还原了黎族传统村落的样貌，让古老村寨有了人气，有了活力。

　　槟榔谷里的甘什黎村不仅在旅游开发中保护了村落景观和文化，同时黎族同胞还能享受旅游带来的收益。将黎族村落保护与旅游开发相结合，最大的卖点就是黎族文化，是黎族人传统的手工技艺和文化习俗。这个卖点可以点燃黎族人的文化自信，让他们意识到黎族文化的价值，从而激发保护黎族传统村落、保护黎族文化的愿望。保护黎族村落需要黎人自我觉醒，只有黎族同胞自己有了保护传统村落的自觉意识，黎族传统村落才能得到真正的保护。

　　槟榔谷对黎族古村落的内在文化进行开发利用，虽然使黎族村落失去了一部分原生态的东西，显得不那么原汁原味，但是利大于弊，旅游开发利用既保护了黎族村落的物化遗产，又传承了黎族传统文化，这是值得肯定的。

　　（2）黎族村落元素的创新利用，赋予黎族文化时代气息

　　走进槟榔谷，黎族古村落元素随处可见。它们巧妙地分布在景区的各个景点、各个角落，大的如门厅、屋顶，小的如垃圾箱、标识，充满了时代气息。这就是传统古村落元素的创新利用。

　　①建筑外形

　　槟榔谷的建筑设计几乎都汲取了船型屋元素，具有显著的地域性、民族性、艺术性、独特性。槟榔谷的大门就是充分运用黎族文化设计而成的，大门的主体形似一艘倒扣的船，线条圆润流畅，既简洁又古朴。这个设计理念源自黎族村落最典型最本质的特征——船型屋。门顶是一个勇士造型，吸取了黎族传说中的大力神元素。大门两侧宛如两头巨大的水牛的造型，体现了黎族人牛图腾崇拜（图4-9）。大门左右分别设为"售票处"和"游客中心"。售票处有两座建筑，其中一座屋顶成拱形，宛如一艘倒扣的船篷，上面铺满茅草进行装饰，墙面用仿木色墙漆粉刷，给人泥土竹杆的感觉；另一座建筑与游客中心的建筑设计相同，屋顶呈三角形，用茅草覆盖着，属于金字形茅草屋造型。这两座建筑的设计运用了古村落船型屋屋顶的元素。在黎族人民的生活中，船型屋是最为典型的建筑，取材简单，建造科学，古朴自然，但蕴含着很多建筑智慧，有着许多讲究。"售票处"与"游客中心"的设计也做了一些创新，将屋檐向外延出一部分，可以起到遮阳避雨的作用，旅游旺季时，若游客队伍超出了售票厅，还可以在屋檐下排队等候。这个创意符合海南省的地域特点，是一个人性化设计。

　　②建造工艺

　　景区内最常见的就是类似金字屋与船型屋的建筑。售票处为金字屋，游客中

心为船型屋，两个建筑的屋顶都铺满茅草，均展示了海南典型的船型屋屋顶营造技艺。据了解，槟榔谷屋顶铺设的茅草与船型屋用茅草属同一种葵叶，色泽暗哑，表面粗糙，叶面宽长脉络模糊，这种材质的材料在进行分组编织的时候，为了避免捆绑以后出现脱落的情况，增加了藤条与葵叶之间的摩擦力。槟榔谷的建筑房屋沿袭典型船型屋顶经纬编织的方法，藤条穿插其间形成网格状编织线，若干组茅草编为一捆，根据建筑物屋顶体量大小进行横向排列，由屋檐向屋脊以堆积式排放，建成独具特色的船型屋屋顶。游客中心接待处的那面背景墙的大力神纹样用横纵交错的斜线装饰，呈网格状。柜台的表面也设计成竹条编制般的感觉，上面添加黎族传统纹样，很和谐。抬头看顶棚，会发现它也是木条与木条整齐交错，设计成方格网样式，有船型屋的影子，建造工艺极其巧妙（图4-10）。当然，现代建筑材料丰富多样，不会再用竹子、藤条等进行建造，只采用其建造工艺，使建筑在更美观的同时又提高了安全性。槟榔谷景区内的大型房屋类建筑或多或少都借鉴了船型屋建造技艺。槟榔谷建筑师仿造黎族人民传统的建筑方式，设计出用藤条编织成形的感觉，古朴自然美观。

图4-9 槟榔谷景区大门　　　　　　　图4-10 "游客中心"建筑顶棚

③建筑材料

槟榔谷建筑用材都是仿古的原生态材料，类似于船型屋风格，突出的是古朴感。槟榔谷的大门十分霸气，两侧的墙体设计也别具一格。墙体用类似石头的墙砖砌成，虽然触摸的感觉与泥土不同，但远看仿佛就是泥土砌成，突出古朴的气质，有一种历史厚重感，让人感觉走进的是历史悠久的黎族村落。在过去，传统黎族人民将泥土与草根进行搅拌，用于建造墙面。这类墙体的材质效果具有极强的肌理特征。槟郎谷的大门墙面设计就采用了这一元素，有古朴、简单的感觉，却也不失精致的效果（图4-11）。在景区内，发现竹子和茅草也是必不可少的建筑材料。游客中心旁的饮料贩卖机用竹子横竖有序地包围着，还做了人字形屋顶，用茅草覆盖，样式古朴美观。还有电话亭、垃圾桶的设计也是如此，都是用竹子装饰，茅草覆盖的，极具黎族特征（图4-12）。竹子一直伴随着黎族人民的生活，在建造船型屋时，他们将竹子作为建筑材料。在日常生活中，竹子做的小器物也随处可见，如鱼篓、弓弩、竹凳、竹扇等。可见槟榔谷建筑材料也是对传统民居元素的创新利用。

图4-11　景区大门一角

图4-12　景区内垃圾桶

④标识系统

好的旅游景区标识系统不仅对旅客提供必要的道路指引，其本身也可成为景区的一景。槟榔谷在标识设计上运用了黎族元素，这种设计让顾客在放松心情、顺利游玩之余，还能感受到黎族文化，享受人文与自然相融之美。

景区内的标识用木质材料做成，选材仿古。例如入口处的"团队入口"标识，不仅有中文、英文及韩文，还有入口样式的简笔画，标牌的右上角有大力神图案，精美且有趣。"售票处"标识上除了有手拿票样式的配图外，两侧绘有对称的传统民族图案，赋予该标识一定的神秘感。游客休息厅、餐厅、住宿、厕所、纪念品商店等建筑的标识同样也融入了黎族传统民族元素，使标识的民族风更加浓厚。景区内随处可见的导向指示牌的顶部为大力神图案，图案下配有"槟榔谷"的文字，立杆的顶部与中部以及指示牌的箭头指向处均绘有不同的黎族传统纹样（图4-13、图4-14）。景区内提示牌也与众不同，牌上有提示语言，大力神纹样位于提示牌的右上角，底部绘有一整条黎族织锦图案，黎族氛围浓厚。这样的设计不仅能传达信息，还能美化、丰富空间环境，调节、缓解游客的视觉疲劳，使游客在游览过程中时刻感受着黎族气息。

图4-13　景区提示牌（一）　　　　　　图4-14　景区指示牌（二）

槟榔谷在建筑设计中，其房屋设计借鉴了船型屋的外观、建材，还有建造工艺，各类标识系统设计都融入了黎族纹样图案等文化元素。对传统元素的创新利用让黎族文化有了时代的气息，使黎族传统文化得以保护和传承。

3. 传统黎族村落和槟榔谷旅游利用项目的对比分析

一是从建筑外观看，槟榔谷的建筑与黎族古村落的船型屋相比有了变化和创新。在海南省，典型的黎族传统村落有白查村和俄查村，村中保留的大量船型屋都是原生态的。白查村有80多间船型屋，大多为落地式，圆拱形屋顶，整体造型较长、较阔，但低矮，屋顶茅草几乎垂挂到地上。俄查村内有上百间船型屋，除少数为落地式之外，大多为底层架空结构，有高脚的船型屋，也低脚的船型屋。槟榔谷中的甘什黎村虽然对船型屋的造型进行了高度还原，但是与传统的船型屋相比还是有一些变化。比如，为了让光线充足，便于游客参观，将落地式船型屋修建得稍微高一点，茅草覆盖也不会太低，为了便于展示黎锦编织等技艺，门厅都修得比较宽敞。这种细微变化让船型屋少了一些沧桑和古朴，但多了一些舒适和实用。槟榔谷其他景点及门厅、售票厅等处建筑，都对船型屋元素进行了创新利用，因为融入了现代元素而变得更时尚、精致、美观，更容易被现代人接受。二是从内涵来看，黎族古村落呈现的是历史，槟榔谷透出的是现代文明。不管是走进白查村还是俄查村，当第一眼看到那么多整齐排列的船型屋时，内心都会很震撼。因为我们看到的是黎族沧桑的历史和厚重的文化。这种蕴藏在古村落里的历史文化气息是槟榔谷所没有的。槟榔谷因为推广旅游和售卖文化，多了一些商业气息，也多了一些现代文明。

总之，黎族传统村落是黎族农耕文明的见证，蕴藏着黎族悠久的历史和丰富的文化，是中华民族珍贵的遗产，必须予以重视和保护。海南省是国际旅游大省，旅游经济发展迅猛，通过旅游利用保护黎族传统村落，不失为一条有效且可行的途径。

第5章　海南黎族传统民居保护的困境与出路

5.1　海南黎族传统民居保护的困境

1.传统民居空间形态的"枯竭"

传统民居空间形态的枯竭，多指在传统文化村落中大部分青壮年由于工作而流向城市，导致村落人口年龄分布极不合理，村庄呈现空心化的现象。这种现象在海南黎族传统民居中普遍存在着。传统民居的空心化是一种值得高度重视的趋势，这种趋势不仅会造成黎族传统民族文化的快速流失，还会造成留守儿童、留守老人的增多，从而增加更多的社会问题。因此，深刻理解传统民居空间形态的枯竭缘由对于探索海南黎族传统民居保护的出路有着重要的作用。

海南黎族传统民居空间形态的"枯竭"体现在多个方面，以海南黎族聚落——白查村、俄查村、洪水村等原始黎族村落为例，这些村落都已有百余年的历史，村中至今仍保存较多完整的黎族传统民居，村落多四面环山，饮用水以山泉或井水为主，村民们以耕种为业。由于与外界交通十分不便，导致了村中经济的落后（图5-1）。近几年，随着城镇的发展速度增快，这些村落的空心化现象也愈加严重，具体表现在以下几个方面：

（1）汉族文化的渗透——年龄结构的失衡。在黎族当下的生活中，各个方面都能见到汉族文化的影子，这种影响体现在多个方面，在日常生活中，白查村不仅在房屋的形式上逐渐趋于城镇化，在日常生活习惯上也逐渐在向汉族靠拢，尤其是黎族青年人，在日常着装上已经和汉族没有了差别；在信仰方面，黎族的民间信仰中，不乏财神、关公、玉皇大帝等来自汉族的神话形象。这种汉族文化的"入侵"导致了黎族村民对于城市的热衷和向往。村民去城镇务工人口数量的增加使得村落中只剩下极少数的青年男女，老人与儿童的比例大大增加。

图5-1 黎族村落全景航拍

（2）文化遗产的"废墟"。自海南建省以来，经济发展迅速，省政府借着经济发展的势头，将民族地区的民房改造工程排上日程。近年来，黎族传统村落居民普遍搬迁新址住进了砖瓦房，不再居住在相对较为落后的船型屋中。1992—1996年的四年间，海南省少数民族地区共改建了70000余户茅草房，建造新型砖瓦房500多万平方米。1996年之后，又有约9万名少数民族同胞告别了船型屋等茅草房，迁入了光照、环境都更加优良的砖瓦房中。这种变化从根本上来讲是一件为国为民的好事，但是，白查村整体的搬迁，也使得村落中旧房屋闲置起来，成为文化遗产"废墟"，船型屋再难升起炊烟。

（3）建筑表层下的荒芜。黎族传统村落在建造新型的砖瓦房时，村民们大多不会拆除以前旧的房屋，而是选择扩大村落面积，在外部建造新的砖瓦房，这样做的后果便是大量村庄内部的土地闲置下来。村落废弃、闲置土地面积与村落总面积之比逐渐增大。导致了居所土地浪费严重，空心化程度加剧。

随着社会的快速发展，海南黎族传统民居空间形态的"枯竭"表现越来越明显，表现的方面也越来越多样。而究其原因，造成这些现象的原因有以下几点：

（1）黎族传统村落发展滞缓。不同的民族、不同的地域都有着自己的独特民族文化和生活习俗。而随着社会的不断进步发展，人们的经济状况也不断得到提高，紧随之精神状态也会发生变化，而在这个过程中，海南黎族传统村落由于经济落后，必然会受到经济文化发展程度较高的汉族的影响，在外来文化的冲击下处于被动地位。在白查村落中，我们也发现很多黎族人表现出对汉族人生活方式的羡慕与喜爱。这种现象与黎族同胞受教育的程度成正比：越是文化水平高的人，受到汉族影响的程度越严重。现如今，在城镇的快速发展与扩张的过程中，给人们提供了大量的就业机会。城镇里无论是工资水平，还是较为完善的文化、娱乐、医疗设施，对村民们，特别是青年人都有着很大的吸引力，这就直接导致前往城镇的人口数量的增加，村落中出现了典型的人口空心化现象。

（2）现代经济发展的影响以及村民的向往。一方面，现代经济的快速发展难免给传统民居建筑带来不利影响。另一方面，由于经济落后，进一步改善居住环境已经成为白查村村民的一种渴望。而闲置下来的旧址不再有人居住使用，形成了"说村非村，有院无人"的现象。

（3）政府文化遗产保护的政策以及两代人认识上的偏差。近几年来，我国加大了对少数民族传统民居的保护。白查村落中保存相对完好的船型屋等民居建筑自然不可能随意拆除，另外对于村落空心化的现象，村民们各有自己的主张。青年人对此漠不关心，而老年人认为老屋子是祖上传下来的，即使荒芜也不能拆除，这便导致了民居建筑的废置以及土地资源的大量浪费。

传统民居空间形态"枯竭"现象的日益严重会带来许多问题，这些问题加大了海南黎族传统民居保护的难度。首先，空心化会加快民居的破坏速度，由于村民的搬迁，许多旧民居闲置下来，无人居住的房屋自然不会有人修理、加固。这些旧住宅在长期自然条件的侵蚀下，房屋的门窗、墙体会产生不同程度的破损，进而导致主体构架的损坏，随时都有可能坍塌。而黎族村落的建筑多为船型屋、金字屋等黎族传统茅草房（图5-2），只有点灶生烟才能保持房屋的干燥，避免茅草的腐烂，村落住宅的空心化，更加容易导致"人去屋塌"的现象。

其次，传统民居的空心化会造成对资源的浪费，村民们渴望对环境的改善，不断地建造新的住宅，村庄面积不断扩大，内部的旧住宅则废置不用，这导致了耕地资源的大量浪费；同时，黎族旧住宅多为金字屋、船型屋等极具文化价值的传统文化建筑，具有重要的艺术、历史、文化价值，而这些建筑不能被有效利用，不仅造成了文化资源的浪费，还不利于保护。所以，传统民居的空心化造成了耕地资源和文化资源的双重浪费，是海南黎族传统文化保护之路上的一大难题。

传统民居空间形态枯竭还会制约村落环境的改善。许多黎族传统村落本就与世隔绝，经济落后很多，所以需要大量的人力物力改善村落环境，例如修路、建设防灾设施、建设灌溉、饮水系统、建设公共医疗、教育、娱乐设施等，这些无不需要大量的金钱作为基础。然而，由于村落的空心化，很多村民长期居于外地，他们不愿承担用于改善村落环境的费用。以上问题使得村落改善环境的进程延误，给改善村落环境带来了较大的阻碍。

图5-2 初保村船型屋

其实，在国外尤其是发达国家也存在着村落的"空心化"现象，并在寻找解决问题的过程中积累了一些经验，这些经验多集中在城乡规划和村落发展方面。1898年，霍华德设计规划了一种健康、生活化、产业化的城市，这种城市的规模能够充分满足为城市的居民提供丰富的社会生活，却又不超过这一程度；城市的四周围绕着农业地带，由专门的人员负责掌管。这一类属于城乡均衡型农村发展，与之相似的还有1932年莱特提出的"区域统一体"理论，以及20世纪70年代日本针对农村"过疏化"的村镇综合建设、20世纪六七十年代德国的城乡等值化运动和80年代美国的"都市化村庄"建设等。

第二类属于非均衡型农村发展，例如弗尔德曼在1955年所倡导的"中心—外围"理论，这种理论更加强调通过核心城市的主要产业和一些具有创新能力的产业促进、带动农村的综合发展；还有与之相似的佩鲁"增长极"理论、印度的"乡村综合开发运动"和韩国的"新村运动"，都是解决村落民居空间形态枯竭现象的探索与实践。学习、借鉴西方城乡规划的成功经验，对于我们解决本土的少数民族传统民居空间形态枯竭的问题有着莫大的帮助。

海南黎族传统民居的空心化严重制约着传统民居保护的进展，努力实现村落的复兴，是传统民居保护的根本所在。解决传统民居空心化问题是一个长期的、艰难的过程，在这个过程中，更重要的是重建缺失已久的村庄集体凝聚力。村民只有在村落保护和发展中获益，才会认识到传统村落和传统民居的宝贵价值，才会真正建立文化认同感和自豪感，进而重建凝聚力，实现对传统村落的自觉保护和自主管理。[1]

2. 传统民居保护与开发困境

在海南旅游业持续发展的今天，作为我国传统建筑民族文化的黎族传统民居，对于旅游爱好者和开发商都具有极大的吸引力。民族风情是海南黎族传统民居最为突出的特色之一，其表现在环境艺术氛围、建筑装饰、建筑材料等方面，充分展示了黎族的风情风俗与民族文化。传统民居是海南黎族文化的重要组成部分，体现了居民与自然的和谐共存，记录着整个黎族文化的历史脉络。传统民居蕴含的环境特点、建筑艺术、居住方式、整体规划以及周边的交通规划都鲜明地体现出了当地民居的传统文化和生态特点。"船型屋"（图5-3）、"金字屋"对于海南省来说，不仅拥有物质价值，同时还具有精神价值、文化价值，黎居是有内涵有生命的，是千年以来黎族人民智慧的结晶。

（1）传统民居保护的困境

①海南黎族传统民居的成型年代大多久远，且有较多的竹木、茅草结构，受到气温、环境、天气等诸多外部因素的影响，屋顶、墙面坍塌的现象屡有发生，有些民居已经成为废墟，只留下残砖败瓦，再加上传统民居聚集地的用水、用电等困难，使部分居民逐渐搬出了原来的房屋。"人去屋灭"从另一角度也加快了黎族传统村落民居的衰败与坍塌。一座座损坏的房屋，墙体出现裂缝，又承受着外部环境的压力，随时都有可能发生倒塌的危险，这也给当地住民带来了安全隐患。

②当地居民接触到现代生活方式后对其产生渴望，这可能导致他们对现今的

---

[1] 关注传统文化村落，破解"空心化"是关键[J].乡村科技，2017，4.

图5-3 船型屋

生活状况感到不满,相比过去信息不发达、交通不顺畅的时代,传统民居反而能够保存完好。部分生活相对富裕的原住民为了获得更好的居住条件,开始在原住房上进行"拆旧建新",慢慢便有一批与当地原有民居建筑格格不入又缺乏秩序的房屋出现在村落的各处,现代与传统并没有和谐的交融,而是显现出一种与当地原有风貌格格不入的场面,另外加上非海南黎族元素汉化筑房材料与现代化装饰风格的涌现,使原本古香古色的传统村落民居变得面目全非,房屋、通道之间的整体布局遭到破坏。新筑的民居不但破坏了原有房屋的色调与当地环境的和谐,破坏了当地传统民居的肌理,还打破了整个传统民居风貌的传承性,甚至有可能出现文化断裂。

③法律法规的不健全。我国虽然有《文物保护法》,但其对传统民居的保护缺乏实质性的指导。长期以来,城区文化遗产一直是有关部门的资金主要倾向,而山区、偏远地区的传统民居保护缺乏经费的支持,无法得到更好的修缮与保护。近年来,虽然社会各界对海南黎族传统民居的保护越来越重视,但面对大量的传统民居,这些资金依旧是远远不够的。村落中大部分年轻人都进城务工,留守的多为老人、儿童,难以承担起保护或修缮传统民居的重任。因此,为了做好保护传统民居的工作,必须加大资金投资力度,并且尽快出台保护方案措施。

④新改建的民居一味采用现代技术,致使传统村落民居的建筑技艺逐渐遭到抛弃。在保护和修缮的过程中,由于没有考虑到是否与当地村落传统民居的和谐

统一性而随意地使用水泥或砖头，从而导致新修改建的房屋与当地原有的民居相比丧失了质朴感。传统村落民居的保护与修复工作需要花费大量的时间精力，这便需要有关部门提供建筑技术与资金上的支持，这一系列大量的工程是不可能单凭本地匠人单独胜任，况且现今大部分的年轻人对传统村落民居的艺术价值和文化价值缺乏认知，觉得学习传统的建造技艺无用，使传统的民居建造技术无法得到传承，熟知传统民居建筑特色技艺与形制样式的匠人后继无望，缺乏群众的保护与传承，任其传统民居自毁自灭，民居保护、修缮工作困境频出，传统建造技艺的传承逐渐衰退。综上所述，要保护民居的原有属性，给传统民居的保护工作提出了更高的要求。

（2）传统民居开发的困境

①现今，传统民居的合理开发问题应该受到我们的充分重视。不能单纯为追求经济效益而不考虑后果的大拆特拆，合理的开发要以保护当地风貌以及改善人民居住环境为前提。传统民居的开发具有一定的商业性，可以促进被开发地区的可持续发展，如果开发不当，会给居民带来一定的影响。我国由古至今盛行风水之说，传统的村落民居大多都处在依山傍水、生态环境良好的地方，形成独特的风景，黎族也不例外。过度开发必将给当地自然风光带来无可避免的影响。为了发展传统民居集中地的旅游业，开发商往往会在古朴建筑群周围或内部建设大量的服务型建筑，这些建筑往往没有深入的规划设计，而是因为商业利益的驱使，缺乏文化保护的意识。一些唯利是图的开发商并不会考虑过度的开发对传统民居的影响。现代工业设施的使用会造成大量的噪声、废气的污染，为满足外来游客建设的各种设施也会产生大量的废物，而这种现代工业设施会极大地打破原本与当地传统民居和谐的自然风光。急于求成的开发商在非理性设计的情况下对古老的传统民居进行重建，取而代之的是一栋栋与当地环境格格不入的小楼，殊不知拆掉的不仅是一座破旧的老屋，同时也是体现黎族人民生活智慧的文化传统，这些传统民居对于民族和社会都是无形的文化财富，具有宝贵的价值，有待保护。也有村民为了一己私利，将民居随意改建成旅馆或商铺，破坏了传统民居的原始功能和排列结构。为了能够有效地保护传统民居的原始风貌，科学发展传统民居旅游业，我们应该更加注重传统民居开发不当的问题，价值的传承是传统民居保护的前提条件。

②对传统民居的旅游资源开发不可避免地与当地的生态环境发生矛盾，植被

遭到践踏、耕地草地减少等问题直接影响到本地居民的生活。生活垃圾的增加，车辆尾气以及噪声污染等对于生态环境也有较大损坏。因此，为了保护黎族传统民居的完整性，我们必须要高度重视。旅游业往往是一种季节性的活动，旅游业有旺季同时也有淡季，若当地居民大量投入旅游业中，有可能会在淡季出现失业问题，在旺季也容易出现劳动力不足的问题，这极有可能导致对传统产业的危害，因为若要弥补旅游业劳动力的不足，必定从传统产业争夺劳动力。在我国，保存较为完整的传统民居集中地往往都存在于经济欠发达的地区，而大多数地区的社会文化环境都较为薄弱，过度的旅游开发往往会对当地传统居民的价值观、生活观甚至生活习俗造成影响，这是我们不想看到的。旅游业的开发可以给当地居民带来经济上的收获，但同时也容易导致商业化加重，在金钱的驱使下极易造成营销者之间的勾心斗角，从而破坏居民间邻里关系的和睦。载客拉客现象的增多、商业竞争的加剧，会大大影响到外来游客对于黎族传统民居的印象。因此，如何进行黎族传统民居的旅游开发值得我们重视。游客、开发商在加强环保意识的同时，还应当具有发扬和传承民俗文化的意识，适宜地进行开发，走可持续发展的道路。

③我国旅游业常有的口号："除了印象，什么也不带走；除了足迹，什么也不留下"但往往事与愿违，传统村落民居的旅游开发必将带来一系列的整修，例如旅馆、饭店、娱乐场所等建筑体的兴建，这一系列的建造必将产生翻天覆地的变化，就像如今的凤凰古城早已没了原有的古香古色，取而代之的是充满商业气息的营业场所，这样的旅游开发难免会造成传统村落民居的破坏。传统民居的开发不当，愈来愈浓的商业气氛有可能导致部分原住民忍受不了外界的纷扰而选择外迁。原本属于当地原住民的民居逐渐演变成各类商铺，使古香古色的民居变成了人潮拥挤的步行街，打破了原有宁静的生活气息。民居的开发不当，原住民便是这些后果的直接承担者，因此我们在对传统民居的开发过程中必须考虑到原住民的存在，尽量使这些可能发生的负面影响减到最小。原住民作为开发过程中最大的利益主体，承担了整个开发过程中的各种成本，比如：环境、资源消耗等。因此，开发商若不能仔细考虑开发过程中可能对原住民产生的负面影响，原住民不但难以从开发过程中体会到益处，反而还得承担其中的不良后果，这样极容易使当地居民产生抵触甚至反抗的心理，对民居的开发不利，因此可以适当考虑让原住民加入开发的过程或者给予一定的经济补偿。若原住民持续减少，那么传统民居极

可能会与其他类型的人文景观一样成为展馆性质的场所，随之便失去了其应有的朴质生活气息，不能很好地吸引旅行者。鼓励当地村民在住房内进行装修、维护，可以更好地提高生活条件，也可以满足他们对现代生活的要求。这样不仅能保留住一定数量的原住民，还能保持传统民居的吸引力。适当的旅游开发使当地居民意识到他们也是创造旅游资源的一个重要因素，旅游资源的开发可以为他们带来一定的经济收入，从而改善生活环境，提高生活水平，大幅度地增强对于开发与保护民居的意识。

除了观光旅游的开发，还可以进行黎族传统村落民居的文化旅游开发。如今文化旅游已经成为一种旅游热点，黎族传统民居文化旅游便是海南传统民居旅游开发的一个重要分支，就是以风景独特的传统建筑作为外在的吸引物，使前来观光的各类旅客在观赏传统民居的同时体会到海南黎族的文化特质，达到生理与心理审美的需求。但进行文化旅游开发的同时，一是要注意深挖其文化内涵，不能只限于表面，开发商必须以黎族村落居民相关的民居历史知识为背景；二是了解与民居相关的地理知识，让游客对海南黎族传统民居有更深刻的了解；三是有关房屋方面的了解，比如民居的内部结构、家具布置、摆设以及选材等。还可以与当地的民族服饰，风俗等相联系。在开发的同时对民居内部和周遭环境进行整改，这些做法不同程度地改善了当地居民的生活质量，也使居民更加支持和关心开发商对其居住环境的保护与开发，有利于黎族传统民居的可持续发展。

黎族传统村落民居的开发不能生搬硬套，而是应对其实际情况进行理性研究，因地制宜，根据不同的环境与特点选择不同的开发方式。由于各地的传统村落民居特色各异，对于所有传统民居的开发，我们不可能妄想仅用单一的模式便"一招鲜吃遍天"，合理的开发必须要将现有的开发成果与当地实际的旅游开发状况综合起来，根据当地的经济发展状况与已开发程度进行具体研究，总结出不同的传统民居开发模式。传统民居的保护和开发不应当是站在对立面的，一味地保护不进行开发，就不能体现保护的最大作用。一味地开发更会导致各式各样的问题接踵而来，我们应该辩证地看待保护与开发两者之间的联系。一些传统村落民居旅游开发的成功案例（如凤凰古城、丽江古城）会推动另一股传统村落的旅游开发改革，但这样的开发一定事先衡量好如何权衡保护与开发之间的关系。一方面，这对当地居民的经济以及我国传统民居旅游业的发展十分有利。另一方面，开发商和当地原住民在没有进行理性设计的情况下进行的盲目开发会导致新建设的房屋与本地风貌及原有民居格格不入，产生一些与原民居风貌极其不协调的建筑与装饰。这些不当的开发能够得到暂时性的经济利益，但实际上是对旅游资源的破坏以及对传统民族文化的不重视。为了有效保护传统民居和实现旅游资源的可持续发展，理性合理的设计对海南黎族传统民居的开发十分必要。

伴随着海南旅游行业的进一步发展，越来越多的旅游资源将被不断挖掘，而传统村落民居的旅游发展将会得到更多人的青睐。在日后的海南黎族传统民居开发过程中，不仅要重视民居旅游资源的开发与利用，更重要的是以保护黎族传统民居的和谐性为基准，正确认识传统民居的资源价值，在科学的规划指导下进行理性的开发，以保护传统民居为首要目的。

3. 村民意愿与传统村落保护之间的矛盾和冲突

黎族作为海南岛的原住民族，是海南省人口最多的少数民族，其受独特地理位置、深邃人文情怀的影响，它具有多种空间形式和多样的文化成分。但是近年来，随着工业和信息文明的不断进步，以及人口的迅速增加，人们的经济状况和生活环境越来越好，致使一些原始的农业生产方式被淘汰，传统村落的生活方式也在逐渐发生改变。黎族人民赖以生存的居住环境遭到严重冲击，许多黎族传统村落的历史价值也日渐低迷。现代化的生活使得农民都想到城市里谋生，导致目前农村"空心化"比较严重，现存的黎族传统住宅建筑数量逐年递减，一部分人盲目追求城市化，黎族珍贵的传统文化正在遭受侵蚀。这对于整个黎族文化来说，将会是一个巨大的损失，所以黎族传统村落保护显得极其重要。

黎族传统村落迅速衰落的原因大致有两个：一是传统民居空心化问题严重，像钱钟书的围城中所提到的，外面的人想要进去参观，而里面的人觉得环境太过恶劣，待不下去。比如黎族著名的船型屋，日常生活配套设施不全，屋内照明设备不足，洗澡和上厕所成了村民一大难题，屋里没有排水管道，卫生条件也极其恶劣。这种情况造成了传统居民空间形态的"枯竭"，村落的"空心化"对于村落的建筑破坏性很大，屋里长时间没人居住，房屋的建筑没人修缮，很快就会坍塌。

例如黎族典型的船型茅草屋，屋顶大都铺有茅草，但由于时间的积累，茅草经历了风吹日晒，一些屋顶已经破碎了，房屋的墙体出现裂痕，有的粮仓也连续倒塌。被采访的一些村民说："大概从 2009 年开始，海南省政府开始对居民的住房进行改造，很多村民都被安排新的住处，条件相对较好。只有极少数村民仍住在原始的房屋中。"这种安排导致很多船型屋没有人住，但是船型屋如果长时间无人居住，就会慢慢地破损直至倒塌（图5-4、图5-5）。

图5-4　黎族船型屋局部

图5-5　黎族船型屋

二是海南黎族大多数传统村落都以木材为主要建筑材料，比如屋顶茅草材质，虽然木材易加工，但其安全隐患比较大，容易发生火灾，而且随着国家提倡创建良好生态环境，限制树木砍伐，建筑材料的转化与传统文化的传承是否可以达成一致，还需要我们深入考量。

在过去，海南所倡导的乡村规划，名义上似乎促进了乡村发展，而实际上却套用了城镇的规划与建设，偏离了村镇的实际情况，现代化深入农村，导致城镇化比较严重，村民过度聚焦经济发展。不少人忽略了那些相对偏远、穷困的村落，甚至这些村落被认为是落后的，需要抛弃的。不少基层干部将保护传统村落归类于城镇化建设，认为农村就应该向现代化发展，出现盲目拆建的现象，套用城市规划的现象，这种做法忽略了黎族传统村落自身的民族特点。

对于村落保护，我们可以借鉴国外的一些村落保护政策。韩国非常重视发掘传统村落自身的文化传承，也十分注重保护自己本村落的传统建筑。河回村作为韩国传统村落的代表，村落内的一些民俗文化遗产都保存得非常完整，它不是人为修建的村落，而是长期自然形成，保存至今的。可贵的是，在旅游业如此发达的今天，河回村没有因为是全国著名旅游村落而被商业化，而是始终保持着传统村落的质朴和纯真。河回村三面被川水环绕，东面依靠着花山，地理条件非常优越，从未遭外界破坏。从上层的瓦房到普通村民的草屋，过去的样貌完全保留了下来。古代朝鲜的乡村风貌至今还能在河回村展现出来。黎族目前有些村落是船型屋、金字形屋和其他一些房屋形式的混合，均为数千年来黎族人的遗产。它们的历史文化价值极高，体现了黎族的创造力和智慧，是非常宝贵的非物质文化遗产，对于黎族村落建筑风骨、人文生态环境的保护格外重要。

英国的多数村庄都建于1940年以前，是村民根据当地传统文化建造的。其中有一些豪宅和城堡建筑，展示了当时最高的技术和经济实力。但两次世界大战严重破坏了这些传统村落。第二次世界大战后，村民们更加注重对村落房屋的保护。原始的村庄布局分散，规模很小，经常被农场周围的几个村庄所包围。羊毛产业的繁荣加速了耕地向牧场的转变，也改变了传统村落的景观。随着房屋的不断变化和更新，石瓦逐渐取代了茅草屋顶，烟囱取代了开放的火炉。今天我们所看到的科茨沃尔德地区被称为英国最美丽的村庄之一。该地区的大多数村庄都保留了相对完整的结构，不仅有便捷的现代化基础设施，而且完全保留了19世纪典型的法国科西嘉村庄原始的整体建筑风格，似乎保存了100多年的传统历史。在夏季旅游旺季，村里的外国居民人数迎来倍增。Gaggio村于1994年入选著名的《国家地理》杂志，被评为"欧洲古典文化村的标本"之一，该村300多座建筑中有一半列为"欧洲文化遗产"。

传统村落保护涉及方方面面，但是如果只是一味地强调传统村落的保护，忽略村落的主体——村民，不能结合村民的实际需求，将会失去保护的本质意义。村民作为村落的核心主体，在村庄保护中发挥着重要作用。乡村作为传统文化的主要传播者，村民作为村庄的主人，更有权保护和发展村庄。因此，他们才是保护政策下最直接的受益者。村落的保护措施能不能切实地符合当地村民的实际需求？能否符合村落的本土性以及文化价值？"村外求保护、村内盼拆迁"这种尴尬问题能不能妥善解决？针对这些问题，村民都可以通过自己的意愿来表达，因此保护村落文化生态环境，尊重村民的意愿已成为一个关键标准。

　　对于保护黎族传统的村落，村民们各有期望。村民迫切希望提高自己的经济状况，改善居住条件，优化农村的生存环境，并且渴望能够获得社会就业机会。比如一些传统村落目前还存在旱厕，极其不方便，村民们对现代化的卫生间充满期待，而且洗澡也是一个比较大的问题；还有黎族的一些村落建筑，多以木材为主，火灾隐患比较大，一些村民一味地想要住上简单的水泥房，希望得到基本的生活保障；有的未开发的传统村落，道路还是泥泞不堪，一到下雨天，根本走不了路，村民出行成了一大难题（图5-6）。这些落后的生活条件，加速了村民们对现代化生活的迫切需求。

图5-6　黎族村落小路

　　目前黎族古老村落的居民都希望通过规划改善自己的居住空间和农村的就业条件，希望村落自身发展能力得到加强，甚至希望投入较少的人力和财力。

但是在某些方面，村民的意愿与村落的保护似乎成了一种矛盾。村民的意愿与乡镇干部多倡导的保护政策不能达成一致，以至于有些地方因此发生一些暴力事件。这两者之间出现矛盾和冲突的缘由需要我们深入考量与辨析。

黎族传统村落保护与村民意愿之间矛盾的产生有以下几个原因：

一是村民的意识问题，村民严重缺乏文化自信和文化自觉。黎村目前依然普遍存在村民自卑自鄙以及自我嫌弃的现象，盲目推崇城市化的东西，认为农村就是落后的。村民严重缺乏对传统村落保护方面的文化自信，没有意识到他们代代相传的历史文化价值观是多么重要。有些村民为了生活的便利，把自己祖辈的老房拆除，用钢筋水泥代替传统的木质房屋。部分村民在这里不仅没有尽到保护村落的责任，更甚之直接成了村落的破坏者。

二是村民缺乏主动保护意识。保护文化遗产的村庄不仅应该保护村落的传统选址、格局风貌，还应该对本村是否列入中国传统村寨的备选，对本村的保护和规划有一定的了解，并对具体实施的保护措施提出自己的意见。根据实际情况到村落走访了解村民民居的维修情况时，大部分村民都各抒己见，谈了自己村落的不足之处。有些村民认为这本来应该是国家的责任，一味地认为都应由国家来处理；而有些村民则认为自己的村子是传统村落，国家就应该负责该村所有的建筑维修，甚至解决村民的经济问题。在这种思想的引导下，村民产生了惰性，任何事都依托国家解决，对国家的依赖性越来越大，而自身却拒绝参与到村落保护的实际行动中去，国家政策鼓励村民参与村落保护，比如说村民可以通过了解国家正在执行的各项保护政策，对村落的保护措施提出建议等。

三是政府下达的一些保护政策和措施以及传统村落获批未向村民公示说明。海南目前已经有近 200 个传统村落被评为中国传统村落，考察小组走访众多村落时发现，竟然许多村民还不知道本村已是传统古村落，也不知古村落保护的具体措施与规划，更不知古村落专项资金如何使用及使用去向。种种不清楚与不了解，容易造成村民对保护项目的模糊以及对政府的推定误解。常见的话语为"政府拨下来的资金去哪儿了？修路的钱去哪儿了？肯定是干部贪污"，"为什么别人家有补助房屋修缮资金，而我却没有，因为别人家有关系"，"这本来就应该是国家负责保护和维修的"。村民对政府的敌意愈发明显，而造成这种现象的主要原因是村民对政府下达的政策不知情，有时不是村民不加入保护传统文化的行动，而是他们很少有机会参与到村落的保护中。基层政府和村民委员会是传统村落保护的执行主体，在政策宣传和村落保护方面应起到关键作用。许多地方政策没有为村民参与村落保护提供恰当的渠道和机会，忽略了村民在保护传统村庄中的关键作用。

所以，当黎族传统村落保护政策与村民意愿两者之间产生矛盾时，需要进行正确的引导和对待，传统村落既不能将黎族的一些村落改造成博物馆的形式，也不能一味地开发和拆建，其核心是尊重黎族当地村民的意愿。古建筑的修复不仅是拓展了传统建筑的风格和外观，更需要提高住宅内居住空间的舒适性。传统村落保护不只是一个口号或文件，更是一个长期不断提升村民认知的过程，不是简单地对建筑的外形进行修缮，更重要的是注重精神层次上的文化价值。对村规民约、乡规民俗的保护才是未来黎族传统村落保护的核心内容。

5.2　海南黎族传统民居保护的模式

船型屋作为海南黎族传统民居样式中最具有特色的一种住宅建筑，在海南黎族聚居的村落十分常见，因其外形样式而得名。这一历史悠久的黎族住宅民居在历史长河的演变中，有高脚干栏式船型屋和船型屋两种形制，但无一例外都是神似船篷的屋顶和覆盖在拱形屋顶的材料——葵叶。从力学角度出发，拱形的屋顶因其较大的扭距，使得空气在快速通过屋顶时增加了压强，达到了加固稳定屋顶的作用。屋顶葵叶独特的覆盖方式以较多的层级性保证了雨水顺利排泄，这样一来室内的湿度和温度都能得到一定的保障，加上这些建筑材料的易采集性，使得船型屋一直沿用至今。

1. 传统黎族民居船型屋的保护现状

目前已经发现保存比较完整且数目较多的船型屋，主要分布在五指山市毛阳镇初保村、东方市江边乡白查村、东方市江边乡俄查村、昌江黎族自治县王下乡洪水村。初保村选址在有高差地势的山体上，地势最低的民居前有灌溉溪流和农田。据村长介绍，初保村有 320 人共同住在这片富饶的土地上，分为 58 户。由于地势的原因，这里多为干栏式住宅，这是初保村不同于其他黎族聚居区的地方。俄查村的船型屋已经破败不堪；洪水村船型屋尚保留有完整的金字屋样式，笔者在田野调查时共发现 78 间保存完好的船型屋（图 5-7）；要说海南省目前保存最为完善、规模最大的黎族村落,当属东方市江边乡大广坝的白查村。白查村的船型屋数量及其完整度都是其他村落无法比拟的,因此白查村作为黎族传统民居的地标,已经列入第二批国家非物质文化遗产保护名录(图5-8)。

图5-7 洪水村黎居

图5-8 白查村黎居

随着海南省国际旅游岛建设步伐的推进,黎族传统民居船型屋作为地域文化的代表之一,逐渐从深山走进现代文明的视野中,引发社会各界的高度关注。所以少数民族文化生态环境保护的紧迫性引发了海南省有关部门的重视，近些年不断加强对于黎族传统文化的保护力度。对于船型屋的保护主要体现在：（1）2008年船型屋式民居营造技艺入选第二批国家级非遗，同时也拔得了海南省建筑类古遗址申报国家级非遗的头筹。2008年白查村成功当选为"中国历史文化名村"和"全国特色景观旅游名村"。四年后白查村入选第一批"国家传统村落"；（2）政府有关部门制定了相应的保护机制，成立了相关部门约束村民和开发商；（3）政府筹集各类经费进行保护修缮工作；（4）社会各界齐出力，共同探索新的保护与传承模式。

虽经不同的途径努力，但由于船型屋自身的特点，保护现状仍然不容乐观。船型屋的建筑材料多为木材、茅草、稻草、泥巴等，不够坚固，即使常年有人居住，也要经常修缮。船型屋内部的干燥要靠生火做饭燃烧的热量烘干墙壁来维持，以此避免屋顶茅草的腐烂。现存的船型屋大多无人居住，村民已搬入新村。

以江边乡的三个较大规模的传统村落为例，白查村已设立国家保护点（图5-9），拨予相应的资金，组织人员进行修缮和保护，现存的80多间船型屋保存完好，在搬迁新址前吸引了大批游客前来参观，村民们也趁此机会销售手工制品，例如竹藤编织物品、椰子制作的各类具有海南特色的物品，在一定程度上改善了户均收入。但是其他两个村庄均无有力度的保护。其中俄查村的传统民居保存较为完善，但是那文村的民居已经消失殆尽。鉴于此，我们对江边乡乡长黄达进行了采访，他表示，政府出资30万元作为江边乡黎族古村落的保护资金，但是船型屋的完善要靠内部的生活起居来保持。这样的情况使得政府部门也很矛盾，保持内部的生活状态就不得不要求黎族村民继续生活在低矮潮湿、采光昏暗、烟熏火燎的船型屋里，总不可能放着新建的砖瓦房不住，再要求村民回到船型屋去。黄乡长认为，应当尽快开发旅游景点，以延续船型屋的存在价值。

五指山市毛阳镇初保村还有村民在此居住，笔者2018年4月再次到该村进行实地考察时，正巧碰上居民修缮房屋。同时，该村在其他地方建造了新村，部分村民也已经搬入新村。如今，黎族传统民居作为少数民族文化的载体为人们所认可，并在一定程度上加以保护和修缮。船型屋不再是黎族村民落后和贫穷的象征（图5-10）。

图5-9　白查村船型屋成立保护点

图5-10　洪水村无人居住的船型屋

2. 海南黎族传统民居的保护路径

国内外专家对传统建筑的保护意识逐渐增强，有意识地将传统建筑保护模式由单纯的修缮转变为更加合理的利用。

许多国际宪章、法律法规及其相关文件都能体现出对传统建筑的保护理念，以国际宪章的文件为例，文件中提到传统民居的保护模式分为三个阶段，即早期阶段、中期阶段和晚期阶段。我国传统建筑保护的相关法律法规因受西方理念的影响，与国际宪章中保护模式发展的观点基本一致。国内外城市多样化和再生设计、可持续设计对于传统建筑保护政策的影响，使传统民居保护理念更加完善，这个完善的过程也提高了人们对传统民居保护重要性和有效性的认识。传统民居保护理论进一步完善的背后，意味着传统民居保护问题的特殊性。

传统民居是与其地域环境、自然景观、民风民俗和现实发展相结合的产物，在传统民居的保护中，同时要注意建筑与地域环境、建造技艺、历史文化的关系，协调保护和发展关系。所以，传统村落的保护必须是整体的，这意味着不仅要保护建筑，还要保护其中所蕴含的文化生态环境和其他因素，如家庭组成、生态环境、生产生活方式、谋生手段、手工工艺等。可以尝试发挥村落的自身优势，探索切入点，将村落保护与建筑民居、农业工程、景观、生态农业、特色民俗、农产品生产、现代民宿等结合起来，真正实现传统村落的活态传承，而不仅仅是摆放在大山田野之间的"艺术品"。活态传承意味着要用现实中的砖瓦稻草、木头和牲畜，为人们呈现动态的景观，而并非一块冰冷的展牌与简介。

海南黎族传统民居——船型屋的建筑类型、现状条件、周边环境等因素具有其多样性，复杂性和社会性。多年来，相关专家与学者对海南黎族船型屋的保护做了大量工作和努力。任意一种保护模式都需要政策的约束和理论参考，随着传统民居保护理论的不断发展，传统民居的保护模式也针对海南黎族这一具有地域特征的传统民居而具有多样性。

基于前一章提到的海南黎族传统民居保护的困境，再次谈到船型屋的保护模式时，应对传统聚落在历史演变过程中所产生并留存的全部物质与非物质信息现状进行分析总结，以原住民为保护主体，充分考虑并尊重村民的意愿，解决村民意愿与传统村落保护之间的矛盾与冲突，对其生存所需要的物质空间采用整体保护模式，对其历史和民俗文化采用活态传承的保护模式。

（1）与典型古建筑和传统民居结合模式

建筑构成村落，在一定意义上保护村落便是保护建筑。《传统村落评价认定指标体系（试行）》便是将"村落传统建筑评价指标体系"列在第一位的。因此将村落保护与古民居建筑保护相结合，是当前传统村落保护中应用较多的一种模式，这种模式中最典型的特征便是"原地保护"。

《中国文物古迹保护准则》的首要原则指出："原地保护，修旧如旧要求对文物古迹的保护应尽可能减少干预，保护现存实物原状和历史信息，坚持贯彻不改变文物原状的原则。主要内容包括日常保养、防护加固、现状修整、重点修复及环境整治等。该保护模式是指在原地对古建筑进行必要的保护、修缮、恢复结构的稳定状态、增加必要的加固结构、修补损坏的构件、添配缺失的部分等。"建筑虽具有普遍性，但建筑个体却具有其自身的独特性，所以对于传统建筑中保护较好的建筑个体更适合这种修复模式。当下对传统建筑尝试原地保护时应当将其内部结构适度改造，与新时代人们的生活需求相结合，使传统民居的使用功能也可以与时俱进，同时最大限度地保护其原貌，这也属于较低程度的旅游开发。[1]

案例一："百村千幢"工程

徽州文化旅游经过近30年的发展，相继开发出了屯溪老街、唐模、渔梁、呈坎、西递、宏村、南屏、屏山等一大批旅游景点和景区，这些景点和景区都是以传统村落和民居为依托，与相应的地域环境、景观特色结合后，重点发展和保护传统民居，采取原地对传统民居修缮、稳固结构、修补、恢复等手段保护传统民居，这种手段通常需要建立在传统民居个体条件较好的前提下。尤其是在旅游开发的过程中，修缮原有的传统民居，并对内部结构进行适当的改造，使其具备适应当下人居条件的新功能，也能更好地满足现代人对生活的需求，激发原有传统民居的新活力（图5-11）。在对文物古迹保护的同时，应当尽可能减少人为对周边环境、传统民居的干预，保护现存民居和历史信息的现状，尽量保证做到"原地保护，修旧如旧"的原则。

其中具有较大参考意义并已实施的工程项目是"百村千幢"工程。工程始于2010年，位于黄山市徽州，完成了传统村落聚居环境、交通、排水工作。同时对村中违和徽派建筑的住宅进行了改造，加设了村委会和游客问询中心，通过旅游开发模式逐渐将唐模村建设成为乡村旅游模范点以及国家4A级景区。对唐模村中诸多住宅建筑和祠堂建筑实施了整体保护措施，整体保护措施又分为四个方面，涵盖了建筑主体加固、木材石材保养、局部修缮、重点修复。村中一些完整度较高的建筑被选为重点保护对象，通过长期监测的手段记录其破损情况，并按照修缮法则进行保护方案的制定和实施。完整度不高的建筑则要通过避免人为或非人为因素的继续破坏，采用必要的修缮措施，其原则就是"修旧如旧"，本着保证原有的建筑特点的原则进行修复工作。其中工作细则分为承重结构加固、损

---

[1] 国际古迹遗址理事会.中国文物古迹保护准则[S].2015.

图5-11　徽州古城

毁废墟分类清扫、残缺部位修补和无价值附加物清理四个方面。重中之重就是要避免"保护性破坏",将整体结构的稳定性放在修缮工作的首要位置。

　　笔者对海南黎族船型屋进行了 10 余年的实地跟踪考察,大量的一手资料见证了船型屋正在慢慢走向衰落的过程,因此黎族民居的保护是迫在眉睫的。在"百村千幢"工程中,徽派建筑村落为了适应现代人居的舒适体验感,对公共景观设施进行了与环境配套的设计。人本思想的体现使得徽派建筑与人和谐相处,为原地保护提供了现实路径。而原始船型屋大多数是由晒干的葵叶做顶,泥巴糊墙,在无人居住以及自然因素的双重影响下加速了建筑的毁坏速度,因此适宜的原地保护应为:建筑主体加固、木材石材保养、局部修缮、重点修复,特别是对重点修复这一环节实施长期监测与记录存档,最后进行修缮,这在船型屋的保护方面尤为适用。白查村黎族船型屋作为海南省文物保护单位,在修复船型屋的材料上进行了适当改良,使得船型屋立面既保留了肌理效果,又易于后期修复。在日常保护与重点保护方面,立面是船型屋的支架,实施长期监测可以在破损初期使用草编混泥材料结合接缝胶进行小范围的修补,避免了大修大整带来的各种资源浪费。

　　案例二:浙江省松阳县

　　浙江省丽水市松阳县坐落在浙江西部。早在公元 199 年,松阳县就已经存在,有着 1800 多年的文化历史。经过千年的变迁，这里仍然保留有大量完整度较高的传统村落，所以这里被选为中国传统村落保护示范县、全国古村落保护利用试验区。经过千百年的风吹雨打，这些老屋已经破败不堪，急需修缮。松阳县采取活态保护思路，不仅局限于整体保护、修旧如旧，而是让原住民在此安居乐业，没有将其迁出村庄。原住民长久以来在此处的生产活动得到了保护，伴随着松阳县传统民居保护措施的实施，每逢周末和节假日期间会有很多游客来此游玩。紧跟游客而来的还有商机。伴随着保护措施的实施，全县的传统村落里如雨后春笋般出现了大量精品民宿。在政府的宣传和引导下，周边来这里旅游的人日益增多。由于传统建筑保护的修缮工作顺利进行，松阳县也吸引了大批画家采风写生，其中枫坪乡沿坑岭头村是远近驰名的"画家村"。自 2015 年村中兴建第一座博物馆以来，收藏了大量画家的画作。同时，画家们的到来也带动了民宿的发展，使得松阳县的名气更大了。今天的松阳县，黄土地和斑驳的墙体、青砖红瓦都保留了下来，新建的部分是媲美星级酒店的室内住宿环境。这样的对比让原有的老旧楼房有了新的血液，是松阳县众多逐渐"老去"的传统民居得以保留传承的药方之一。

浙江省松阳县的案例中，海南黎族船型屋在参考其保护模式时，有利有弊。松阳县采取的活态传承的保护模式，在"圈地保护、修旧如旧"的基础上，让村民在传统民居中继续生产生活。但是由于传统船型屋大多数面积较小，且居住环境较差，如果村民们继续在此居住和生活，改善内部条件和居住环境是首先要考虑的问题。另外，船型屋所在的村落大多数远离现代城镇，地处偏远，交通不便，基本上所有船型屋的居民都搬入了新居。所以从松阳县的案例来看，让村民继续在船型屋中生产生活的模式并不适用。虽然这是活态传承很好的保护模式，但是村民的生活也是必须考虑的问题。如果仅仅作为短期的文化展示活动，这种保护模式还是具有参考价值的。

以上案例中，松阳县在进行传统民居的修复改造后，一个原本破败不堪的村落变成了远近闻名的画家村，还带动了当地其他产业的发展，使村落获得了新的生命力。在增强全民族的文化自信和海南岛大力建设国际旅游岛的背景下，必然会大力发展当地的文化事业。在海南黎族船型屋的保护中，这种保护和发展的模式具有很强的示范性。以五指山初保村为例，船型屋坐落在半山腰上，背靠着大山，面向梯田，风景优美。虽然远离城镇，但是安静不喧闹，非常适合文人墨客、书法画家在此写生创作。初保村与松阳县的保护传统策略方面有异同点。经过实地考察，五指山初保村旅游开发有限公司正在筹划启动五指山初保村生态文化旅游度假村项目。相较其他黎村，初保村地处山地，村民搬迁新村距离较近。在老村内依然能看到村民的生活生产方式。依山傍水又能体验原汁原味的黎族风情，初保村的活态传承与松阳县的保护路径有着相似之处。两地的旅游开发定位会有差异，初保村以元真黎族文化、优良生态圈为依托，以黎族特色文化和热带生态休闲为主题特色，打造民族文化与休闲度假为一体的生态项目区。与此同时，项目前期规划已经把基础建设与核心区景点的建设工作纳入进来，开发建设后，旅游基本的吃、住、行、娱、游以及文化体验、生态观光等后续用户观光体验情感因素也考虑其中。与之配套的基础设施应该完善，例如商店、民宿、餐馆，甚至医疗卫生机构。这样的保护发展模式不仅能提高传统建筑的知名度，还能带动各项事业的发展，虽然前期投入稍大，但是带来的经济效益和社会反响将是巨大的。

案例三：海南省槟榔谷黎苗文化旅游区

在海南黎族传统民居的保护和发展中，"原地保护、修旧如旧"原则运用较好的当属槟榔谷景区。甘什岭自然保护区内有一大片槟榔地，树木繁茂，生态良好。槟榔谷景区就位于此（图5-12）。槟榔谷景区分为三大块，由甘什岭传统黎村、原蛊尤苗寨和原始雨林谷组成，带有少数民族风情的建筑特色和热带雨林独有的热情魅力活灵活现地向游客展现出海南最原始的少数民族文化，是绝佳的民俗文化旅游区，其中原住民黎村版块，景区直接建在甘什村上，加固修缮村里的船型屋，使其居住功能大大提升，在不改变原始外形特征的基础上也更加美观，将传统错落民居和景区融为一体，在槟榔谷游览时，可以见到黎族阿婆坐在门口晒太阳、织黎锦的景象，这既保留了村落的原始形态，又有效保护了船型屋，避免因无人居住而破败不堪，同时，带动了当地经济的发展，很多年轻人选择回到自己的家乡发展。

（2）与农业工程设施保护利用结合模式

案例一：新疆坎儿井

坎儿井是一种古老的水利灌溉工程，是直到今天依然在延续利用的活的文化遗产。坎儿井作为一种独特的灌溉方式，普遍存在于我国的荒漠地区。在新疆吐鲁番，坎儿井以水平集水建筑物的形式出现，开发和利用下水资源，以保障农业和生活用水。第三次全国文物普查发现，大量的坎儿井已经因为各种原因废弃，在吐鲁番1108条坎儿井中，依然有水可以使用的仅剩278条，为了保护这一传

图5-12　槟榔谷

统建造技艺，新疆地区启动了坎儿井的维修保护工程，坎儿井的保护修缮工作需要专门维护的艺人，在每年冬季闲时进入空间狭小的井穴中将淤物清理出来，以保证第二年能够出水顺畅，滋润绿洲，满足农业灌溉和居民用水的需要，维修保护工程开始后，具有此项技艺的村民不仅可以领到工资，还可以参加文物部门进行的相关保护措施方面的培训。[1]

　　以艾丁湖乡庄子村的坎儿井保护工程为例，此项工程获得相关部门的支持，而且挖渠清淤的工作制定由村民来做，每人每天至少能挣140元钱，农民的收入既可以增加，又可以有效地保护和传承坎儿井的修缮技艺。亚尔乡新城西门村还专门建设了坎儿井民俗风情园，有博物馆、民俗街、特色民宿、采摘园等旅游参观模式。既能向人们展示400多年来坎儿井发展的历程，又能让人们切身地体验维吾尔族的民俗文化，同时带动当地经济的发展，是坎儿井除了农田灌溉和居民用水之外的新的利用方式。[2]

　　在与农业工程设施利用相结合的保护模式中，新疆坎儿井案例的参考价值不是挖掘海南特色的农业工程设施，而是新疆的坎儿井本身就是一项传统建造技艺。在这一点上，与海南黎族的船型屋不谋而合。多年前，黎族船型屋的日常修护和

[1]　http://travel.sina.com.cn/china/2014-12-08/2135288545.shtml.

[2]　刘馨秋，王思明. 中国传统村落保护的困境与出路 [J]. 中国农史，2015，34（4）：99-110.

建造也都是由当地居民自己完成的。在一个村落当中，一家的房屋需要修缮，整个村的村民都会来帮忙。船型屋的营造技艺也被列为非物质文化遗产。目前，大多数住在船型屋的村民已经搬入新居，并且随着年轻人越来越多外出打工，谋求更好的发展，掌握此项技艺的人也越来越少。

在新疆坎儿井的案例中，艾丁湖乡庄子村的坎儿井保护工程的清淤工作指定由村民来做，这样既可以增加农民的收入，又有效地保护和传承了坎儿井的修缮技艺。亚尔乡新城西门村建立了坎儿井民宿园，值得一提的是，民宿园选址在坎儿井原建筑的周围，还建立了坎儿井博物馆、民俗街等，葡萄干燥园也是其特色之一。传统建筑和新疆维吾尔风情、特产相结合，建有民居宾馆，"吃喝玩乐赏"为一体，充满文化的情怀，是现代旅游业发展的趋势。

在海南省大力打造国际旅游岛的背景下，许多会展、酒店、博物馆以及各类公众场所都大量采用黎族船型屋的建筑样式来体现海南岛的特色。为了保证船型屋建筑样式的准确性和美观性，传达最经典、最传统的建筑特征，可以请有修缮和营造技艺的人发挥所长，由政府、企业或者相关单位拨款，借鉴坎儿井的维修保护案例，邀请当地具有船型屋营造技艺的手艺人进行专业的指导和建造，既传承了黎族船型屋营造技艺，还为当地居民提供了工作岗位，带动了经济发展。

在亚尔乡新城西门村的案例中，建立坎儿井博物馆具有很大的借鉴意义。黎族的船型屋是海南岛乃至全世界特有的建筑类型，其中蕴含了丰富的历史人文知识。建筑的传承和保护不仅在于保护建筑本身，同样重要的还有其中的文化内涵。而博物馆在当地的建立，除了能够对船型屋进行专业且有效的保护外，还能够收集、整理、保存、展示船型屋背后的黎族文化。

（3）与农业景观结合模式

农业景观是农业文化保护的最主要内容，其中包括农业生态观与农业文化观。农业生态观是指在自然环境中，由于人类农业生产生活行为的影响，地域当中的树木、草原、农田、湖泊、河流、村落、建筑等各个要素相互融合，组成的具有地域特色的景观。例如：东北地区成片的玉米地，内蒙古地区广阔的大草原，福建地区的茶园、茶山，沿海地区的海水养殖业，都是具有地域特色的农业景观。在农业景观中，建筑的地位不可小觑，建筑的造型特点和农业景观是相一致的。正是由于不同地域中不同特点的建筑类型和农业景观，才造就了不同的乡村美丽景色。因此，协调好建筑与周围农业景观的关系，就能增加建筑的美感。人们在欣赏建筑和周边农业环境相互融合带来的美感中，可以深刻地领略到传统民居的魅力，与当地政治、经济、文化等相关要素共同构成了活的农业景观。在这种活态的农业景观中，传统民居得到了有效保护和发展。在与农业景观相结合的同时，需要注意对传统民居原始性和特点的保护，也就是前一节提到的原真性保护。

案例一：云南元阳县村寨与红河哈尼梯田

梯田是山地当中一种特殊形态的农业耕地，通俗解释为在较为缓和的丘陵坡地中人工建造的像台阶或者波浪式断面的一种耕地类型。这种田地类型通风好，受光照面大，有助于防止山坡水土流失，也有助于泥土中营养物质的积累。梯田很好地解决了山地居民农业耕地不足的问题，是古代居民因地制宜开展农业生产智慧的体现。在中国丰富的地势地貌中，山地地区或大或小都会有梯田的存在，其中，最值得一提的就是云南元阳县的哈尼梯田。哈尼梯田（图5-13）广泛分布于云南南部红河州四县内，总面积达到100万亩。哈尼梯田最核心的部分在四县之一的元阳县，其中包括了82个行政村，面积达到24.9万亩，其最大的特点就是与周围山形地势相结合，因地制宜，在坡地较为缓和的地方开垦大的农田，坡地较为陡峭的地方开垦小的农田，山地不规则的地方依照实际情况也开垦出形状各异的田地。

图5-13 云南红河州四县梯田

长期以来，哈尼梯田作为一种特殊的农业景观类型，也与周边的人文环境形成了一种独特的社会经济文化体系，深刻反映了当地居民对于自身文化和地域环境的尊重。在元阳县境内，分布着许多少数民族，其中占比重最多的就是哈尼族。哈尼族最有特色的传统建筑就是称为"蘑菇房"的民居，因为房屋的拱形顶部用茅草搭成，远看就像一个蘑菇，所以称为"蘑菇房"。"蘑菇房"建筑共分为上下三层，底层用来饲养牲畜，中间层用来居住，最上层用来放置物品作为仓库，它是哈尼族村庄的标志性建筑。在元阳县，最具有这种建筑特色的村寨叫箐口，从高处俯瞰整个村寨，大小各异的"蘑菇房"零星点缀在农田里，与周围的环境融合在一起，显示出一种别样的有趣，仿佛置身于童话世界。

自哈尼梯田成功申遗以来，当地政府和有关部门制定了生态可持续发展战略和旅游管理措施，由政府出资补贴对当地的传统建筑进行修缮和保护，一部分开发的收益也运用到梯田景区的建设当中，在保护当地传统民居和生产生活方式的同时，发展当地特色农业产品，使得传统民居和聚落环境焕发新的活力。黎族传统村落多伴随山地，依山而建且农田肥沃。以洪水村为例，洪水村船型屋有县政府的支持，县政府提出"一山一湾一黎乡"的旅游发展规划以及打造"中国第一黎乡"的旅游发展战略，基于此背景下改造了15间船型屋。演化的金字屋（图5-14）距村民居住新村较近，且离船型屋老村距离不远，新建的金字屋和未进行任何保护措施的船型屋有着鲜明对比，屋顶的框架清晰可见，墙体变形有的甚至倒塌。四周植被丰富，环境和即将坍塌的船型屋（图5-15）对比强烈，应该合理利用山林植被环境，借鉴哈尼族"蘑菇房"的开发形制，打造属于洪水黎村的黎族风韵。洪水黎村在此处不远便有大片农田，航拍机里的鸟瞰图（图5-16、图5-17）向我们展现了黎村农业景观的活力与生机。船型屋古朴稚拙之美应在洪水村山林农田之中相互映衬，加以合理开发旅游业，那么对洪水村船型屋的长期修复也有了现实保障，能有力扭转残败现状。

案例二：日本合掌村

合掌村坐落在日本岐阜县日川乡，四周环绕着大山，村落当中的民居已有300多年的历史，普遍是适应大家族聚居的建筑样式，其建筑最有特点的结构是茅草的人字形木屋顶，为了抵御寒冷的冬季和大雪，合掌村民居的屋顶建造成60°的斜面，并且用稻草芦苇铺设屋顶，两边的屋顶犹如将要合上的手掌，白川地区终年大雪覆盖的自然条件孕育出了这里的民居样式，合掌村因此得名

图5-14　洪水村金字屋

图5-15　洪水村破败的金字屋

图5-16　航拍洪水村鸟瞰图

图5-17　航拍洪水村农田

图5-18　日本岐阜县日川乡合掌村

（图 5-18）。值得一提的是，合掌村如今之所以被称为日本的"美丽乡村"，是因为它在传统民居的保护和传承上开发出兼具地域特色的民俗保护措施。

　　合掌村在保护开发传统民居的同时制定了自己的景观保护和开发原则，制定了合掌村开发三大原则：不许破坏传统民居、不许买卖耕地、不许砍伐树木。随后完善旅游景区内的标识系统、地面铺装、新建建筑、配套设施，并且对其风格样式做了具体规定。同时该村还发展了许多大大小小的产业支撑，例如白川乡极具代表性的合掌造房屋——远山家民馆，其外形制式指引人们将古时大家族盛大的规模与白川乡山谷潺潺溪流、连绵山谷联想到一起，体现和谐之美。传统民宿改造在不改变合掌屋外形样式的情况下，对室内空间做了升级，采用现代居家必备的家用器械，并且配备了厨房，接通了煤气管道用于烹饪。但值得一提的是，在室内环境中仍保留了一些乡土器具。在保护的同时，合掌村发展了基础配套产业——餐饮店、便利店、文创产品店、特产专卖店，店铺装饰风格沿用了当地原始民居特色，以当地随处可见的植被花草为元素进行点缀，营造了一种和谐温馨的自然美。村里还会定期举行民俗节日活动，例如浊酒节、亮灯仪式等，十分热闹。就像这里的明善寺乡土馆和村中的真宗大谷派寺院。难得一见的合掌造与本堂、钟楼和库里结合。在京都的醍醐寺内可以欣赏到浜田泰介的屏风壁画，重点将其中更有意义的民居，着力打造。

在红河哈尼梯田的案例中，梯田的总面积达到100万亩，涵盖了附近的村落，形成了一个巨大的农业景观，并且与哈尼族传统的"蘑菇房"建筑融为一体。在海南黎族传统民居的保护中，可以参考元阳县哈尼梯田农业景观与当地特色"蘑菇屋"建筑相互融合的模式，将建筑与周边山形地势，稻田果园的农村景观相结合，还可以与周边的村落共同发展，开发当地独特景观。以初保村为例，初保村的船型屋并非建造在平坦处，而是在山脚下，一层一层逐级而上，一家的院子可能与前面一家的房顶平行，形成独特的景观。紧挨着初保村的就是一片梯田，从高空俯视，碧绿的稻田和古朴在房屋在山间形成了与哈尼梯田异曲同工的美丽景色。

在传统民居的实际保护方面，可以参考日本合掌村对传统建筑的保护和开发利用。在旅游开发时新增的现代设施，例如：广告牌、灯箱、电箱以及必要的新增建筑，都"隐藏"在原有的建筑之中，即对传统建筑和景观不会造成任何影响。新增建筑也要根据传统建筑式样建造，内部的装饰也充满当地特色。在合掌村的案例中，对于传统建筑的保护和发展内容也是丰富多样。除了对传统民居的修缮、维护的常规保护之外，重点打造有意义的民居，适时举办各种节日活动，而不仅局限于对房屋的保护，进而整体地发展合掌村。

笔者将两个案例中各自优势部分相互结合，并与海南黎族传统民居的保护结合思考。具体结合模式见如下结构图（图5-19）：

（4）与传统生态农业生产方式结合模式

浙江省龙现村具有长达1200余年的历史文化内涵，近几年来，这个依山傍水、风景秀丽的小山村因为田鱼生态养殖声名鹊起，吸引了国内外众多专家学者。1200多年来，龙现村居民根据当地的自然环境和地理特征，在山地中开垦梯田，

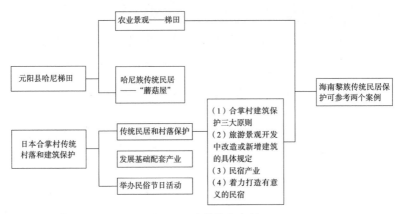

图5-19　表格作者自制

种植水稻。同时，利用山中丰富的水资源，在稻田中养殖田鱼，形成了独特的具有生态价值的稻田养鱼生产方式。2005年，青田县龙现村拥有世界级的农业文化遗产——"稻田养鱼"共生系统。此后，青田县政府积极推进一系列管理和发展措施，为龙现村带来了许多机遇。稻田养鱼与农家乐休闲旅游相结合不仅增加了农民的收入，也促进了当地农村富余劳动力的解放，使当地农民的自豪感稳步提高，并且传统稻田养鱼中的优秀非物质文化也得到了有效保护和传承。

　　除了稻田养鱼之外，龙现村的吴氏旧宅作为传统建筑也值得一提。吴氏旧宅为中西合璧式建筑，由相对独立的两部分构成，其中包括旧宅、家庙和宗祠。旧宅共五进，前三进建于1916—1919年间，是传统的木建筑结构，后两进建于1926—1929年间，是西洋式建筑。家庙布局在宗祠以北，前后各两进，东西走向的房型呈"凸"字形。旧宅在宗祠以南，相距百米，五间三进格局。

　　吴氏旧宅在数百年中经历了战争和大火，经历了风雨的洗礼，但是旧宅、宗祠和家庙依旧保存完整，蕴含着文化内涵，闪耀着传统民居的光芒，也见证了龙现村的历史变迁。龙现村的田鱼养殖业引人注目，并且发展势头猛进，虽然传统建筑的数量较少，但是依靠田鱼养殖业带来的发展机遇，吴氏旧宅开始受到关注。龙现村稻田养鱼案例的借鉴意义不在于传统的生产方式是什么，而是通过传统的生产模式的发展势头带动周边传统民居的保护和利用。

　　海南省黎族传统的生产方式是人力畜力操作。汉人由内陆向海南岛大批量迁徙的时间发生在宋代，他们与黎族先民进行文化交流和交融，带来了新的农业和手工业技术，促进了黎族人民生产力的发展，提高了黎族先民的生活质量。与此同时，黎族与汉人之间以物换物的交易形式相当普遍。

农业生产方面以种植业为主。儋州地区生产方式和生产用具的发展已趋近中原地区，并有发达的水利灌溉系统。到了现代，海南省的农业技术更有了飞速发展，热带农业种植技术前景可期。例如，海南陵水现代农业科技示范基地是集"热带农业科技研发、高效设施农业生产、现代农业文明展示、新型农业观光旅游、现代农业科普教育、培训接待、会议会展，农业产业化经营以及新技术、新成果、新品种示范与推广"于一体的大型综合性农业产业集群项目，以农业生产为产业支柱、农产品科研为创新力、农业景观为配套设施，保证农业基地具有良性循环的性能，同时建立多位一体的热带农业综合基地，涵盖水果种植、农产品加工、花卉种植、菜苗培育、南药资源研发等，以此吸引大量游客前来观光旅游，带动消费。

科技在发展，时代在进步，现代科学技术的浪潮势不可挡。在与传统民居相结合的保护模式中，可以将当地民居保护、传统农业生产方式和现代农业生产方式相结合。例如，农家乐、农家采摘活动的开展，使游客既能欣赏黎族传统民居，又能体验传统的生产方式，还能感受现代农业科技的发展，一举三得。

织锦和制陶技术是黎族先民的民族传统手工技艺。海南黎族黎锦的纺、染、织、绣技艺和黎族原始制陶技艺分别列入国家非物质文化遗产名录，传统黎族民居的保护离不开黎锦和黎陶的有效存续。黎族先民们身着美丽的传统黎锦服饰，在船型屋前，用泥条盘筑法做出一个个结实耐用的陶罐，或自家使用，或挑到集市上售卖贴补家用，这就是黎族先民的真实生活。现如今也有越来越多的人开始关注黎锦和黎陶的发展，不少学校已经将黎锦纳入学校的课程，各地也在不断举办各种织锦活动。而如今保护传统黎族民居，更应该将黎锦和黎陶融入其中，三者相辅相成，共同传承，增添黎族传统民居保护的内涵。

综上所述，可以参考稻田养鱼生态生产方式的保护和发展模式，通过传统生态农业生产方式的发展，促进海南黎族传统民居的保护。

（5）与传统特色农产品结合模式

特色农产品指的是具有地域特征，由特殊的地理环境和气候条件孕育而成，并且有异于常规地区同类产品的农产品。其不同之处或是不同的口感、外形，或是不同的生产技术、先进的生产工艺，或是产品能够在人们心里留下独特的印象。

传统建筑保护模式与传统特色农产品的结合和前面提到的与传统民风民俗相

结合的保护模式有类似之处，都是不同的地域环境和历史造成的。正是因为有地域性的差别，才使得传统特色的农产品更加独特和有意义。

案例一：江西荷桥村、龙港村等与万年贡米

1995年，科考队在万年县仙人洞遗址和吊桶环遗址发现了用于栽培水稻的植硅石，这是距今12000年的水稻栽培，把世界栽培水稻的历史整整提前了5000年，因此"万年稻作文化系统"在2010年被联合国粮农组织评为全球重要农业文化遗产（GIAHS）试点项目。在认识到万年贡米与稻作文化系统的价值之后，当地农业部门加大了对贡米产业的扶持力度，指导企业进行整合，推出万年贡米品牌，在龙港村等地建立优质稻生产基地，研发深加工，打造粮食加工全产业链，同时以旅游观光、休闲娱乐带动稻米产业延伸发展模式，实现农民增收，以弘扬稻作文化为口号，开展民间民俗文化活动，给当地经济社会的可再生发展输入了新鲜的血液。[1] 万年贡米已经不单是地域特色的农产品，而是升级为一种稻作文化系统，变成了一种文化的传播。同时，积极倡导稻米产业延伸发展模式，并以此为基础开展各项文化活动，为当地的发展注入新的活力。

白沙黎族自治县国家自然保护区鹦哥岭脚下有一个黎族润方言的罗帅黎村，罗帅村作为美丽乡村开发，村内有一些宣传牌（图5-20），其中就介绍了黎族的特色美食。例如：鱼茶、竹筒饭、山兰米酒、红糯米酒等。村民自家酿制的红糯米酒口感甘醇，老少皆宜，作为当地村民的农产品进行买卖（图5-21），游客们也乐于购买。罗帅村风景优美，经常会有一些画家、学生过来采风。当地特色农产品也提高了村民收入，在传播黎族民生风情的同时也改善了黎族村民的生活。

案例二：日本"一村一品"运动

日本造村运动中最具有权威性的形式是"一村一品"，这项运动是由大分县的知事于1979年提倡并发起的。为了克服当年因工业化进程的推进，大量日本农村人才涌入城镇导致的农业生产凋敝。"一村一品"立足于当地的实情，开发具有地域特色的农产品和农副产品，以此提高经济收入，振兴乡村经济。如以朝地町、九重町为代表的丰后牛产业基地；以大田村、国见町等地为代表的香菇产业基地，都是因地制宜培育优势农特产品并建立品牌意识的成功产业基地。大分县自开创"一村一品"运动以来，县内各地共培育特色产品306种，总产值高达

---

[1]　彭志明. 徽州传统民居保护利用策略研究 [D]. 安徽建筑大学，2017.

图5-20 罗帅村"黎族美食"宣传牌

图5-21 罗帅村村民贩卖特产"红糯米酒"

10多亿美元。同时,"一村一品"运动也极大地提高了大分县的知名度,大分县的别府市每年接待逾1000万名游客,人口不足1万的汤布院町每年要接待380万名游客,为当地注入活力的同时,也带来了可观的旅游收益。[1] 日本"一村一

---

[1] 李乾文. 日本的"一村一品"运动及其启示 [J]. 世界农业,2005,1.

品"运动的发起，是为了在快速工业化城市的进程中解决农村发展相对缓慢、农业萎缩的问题，通过开展"一村一品"，因地制宜地培育了很多特色农产品。在我国海南省的黎族村落，也有许多具有地域特色的农产品，例如五指山地区的山栏稻米，黎族先民们在山上以传统刀耕火种的生产方式开发了种植山栏稻的山栏园，山栏稻米质量好，营养丰富，是黎家迎接宾客的上品。与之类似的还有山栏酒，鹧鸪茶，琼中绿橙等，都是极具当地特色的农产品。现在，海南省对于特色农业的"地域名片"也颇为重视。海南省计划在 2018 年打造海南咖啡、海南地瓜、琼中绿橙等 10 个农产品省级区域公共品牌，释放品牌集群效应。

参考万年贡米和"一村一品"两个案例，结合前面所述与传统民风民俗相结合的传统民居保护模式，在发展传统农产品的同时，相应地带动生产地的知名度，而知名度的提高必然会影响当地传统民居、民风民俗的发展，在保护和发展海南黎族传统民居的同时，也可以借鉴农产品发展的"品牌集群效应"，打造专属于黎族民居的"品牌"。例如，借鉴北京四合院、湘西土楼、云南吊脚楼等，可以发展"海南船型屋"，利用"品牌效应"带来的巨大的经济效益和社会效益，保护和发展黎族传统民居。

（6）与传统民风民俗结合模式

传统民风民俗是古代先民千百年来留下的、人们共同遵守的行为准则，通常因为自然环境和地域条件的不同而产生许多差异。传统民居的保护必然要同传统民风民俗相结合，二者是相互和谐的关系，传统民风民俗的特点和传统民居是相一致的，都是根据当地不同的地域特征而产生的。例如东北地区由于天气寒冷，其传统民居对于保暖性的要求很高，而在传统民风民俗当中，隆冬时节家家户户都要腌制酸菜，以便在没有新鲜蔬菜时食用。

案例一：贵州苗族村寨的斗牛节

贵州也是少数民族聚集之地，斗牛节便是苗族等地处贵州的少数民族传统的民俗活动之一。

贵州近年来大力将当地传统民风民俗活动与旅游模式相结合，斗牛节便是贵州乡村旅游建设的主打产品。据统计，2014 年镇远县涌溪乡芽溪村举办了一年一度的斗牛节，吸引观众达 5 万余人次，为当地居民带来直接经济收入 80 多万元；凯里舟溪镇举办的斗牛节，吸引了来自贵州各村寨的上百头牛参加争霸赛，6 万多村民和游客观看比赛。这样的旅游活动不仅传播了传统民族文化，更拉动了当地经济的发展，整合了发展乡镇资源，亦是保护传统民俗村落的有效途径。

而在海南黎族聚居区，最负有盛名的传统节日就是三月三节。自古以来，农历的三月初三是初春生发的好日子，也是我国多个民族的节日，汉族有上巳节，也有文人流觞曲水的佳话，广西壮族、瑶族、侗族也把这一天当作盛大的歌节。而具有海南特色的节日——三月三节，是海南省本地少数民族——黎族最盛大的传统节日。这一天又称为爱情节，黎族青年会在这一天祭奠勤劳勇敢的先祖，并且表达对爱情的向往和追求。热爱生活的黎族人民在节日当天会带着自己蒸煮的粽子与糕点，从各方来到五指山一带。智慧的黎族人民分工十分明确，白天小伙子下水捕鱼，姑娘就等着烤鱼煮饭。他们会在天妃和南音化石的岩洞口放置食物，祭祀祖先的神灵，年轻的男子会勇敢地进入深山密林打猎，并且把自己捕到的猎物送给心上人。经过一天的辛劳，明月初升时，年轻人便在河边坡上燃起如青春般热烈的熊熊篝火，姑娘们身着美丽的七彩衣装，戴上自己心爱的首饰，与手执花伞的小伙子一同开始欢庆活动。

我国历来注重尊敬先祖，注重祭祀，在海南省五指山市水满乡便建有一组宏大的祭祀建筑——黎祖大殿。这座祭祀的黎族传统建筑充满了民族气息，其外形是仿照黎族传统民居船型屋所建造的，与周围群山融为一体，如同偶得天成，但其外在装饰又充满了黎族特色，民族风情浓郁。

（7）与现代民宿相结合的保护模式

传统的民居建筑需要有人居住，日常的生活起居打理对许多土木结构的住宅起到延续寿命的作用。黎族船型屋的一个重要特点就是要时常有人居住，生火做饭，利用热量使船型屋保持干燥，避免泥墙和顶部的葵叶因潮湿而腐烂。许多传统民居在原真性保护的模式上发展建筑的附加价值，而将内部改造成现代民宿是很多传统民居在保护时采用的方式。作为与现代民宿相结合的保护模式，从民居的选择角度来讲，最重要的是能挖掘出传统民居各部分的价值，即建筑地域特色和其所蕴含的历史文化在市场当中能够激起消费行为的反应，成为一个积极的价值提升因素。在满足当地村落建筑保护需要的同时，促进了当地经济的发展和知名度的提高。而在传统住宅和精品民宿相融合的过程中，民居的选择很重要。在白查村，已有船型屋类型建筑作为民宿的先例，虽然价格不菲，但是仍然有很多人前来体验。婆娑的椰林、朴素大方的船型屋与围合在四周高低错落的篱笆，构成了一幅如油画般的少数民族风情，让游客流连忘返。笔者根据相关资料，整理绘制了如下结构图，说明村落在选择时应重点关注的部分（图 5-22）：

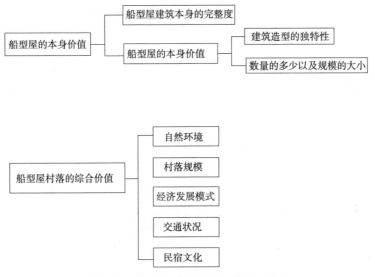

图5-22 村落在选择时应重点关注的部分

案例一：平遥德居斋客栈

山西的平遥古城是中国最完整的两座古城之一，因此成功申报为世界文化遗产。平遥古城作为中国明清时代城市的典范，保留了明清时期建筑的所有特点，因此也被称为中国保存最为完好的四大古城之一，对探究中国历史社会发展、文化宗教建设具有非同寻常的参考价值。德居斋位于平遥古城内，原建于清朝末年，为当地达官贵人的老宅，后于2008年将其修旧如新，改成客栈，既保留了原有的风貌，又满足了现代人的需求。此建筑是明清时期二进官宅大院，古朴、大方，园中处处砖雕木雕，是山西民居的杰出代表。

德居斋客栈（图5-23、图5-24）在规划设计作为客栈时，保留了全部传统建筑的原始风貌，只是将其内部改造成适宜居住的客房，装饰也是古色古香，和周围环境相得益彰。此类型的民宿规模较小，能使游客体验到当地文化深度。

由于船型屋建筑本身的特殊性，矮小，内部空间不大，较拥挤，不同于北方的砖瓦房，只要保护得当，可矗立上百年不倒。部分船型屋已经破败不堪，即使修缮，也不适宜再居住和大兴土木对室内进行再改造。所以将船型屋在原建筑上改造成民宿困难较大。鉴于此，特提出另外的解决方案，例如：在村落的其他地方重新选址，结合现代建筑技术，重新建造适合长期居住的船型屋，将新建筑和旧建筑整合成一个相互融合的整体，使新旧建筑交相辉映，带给游客奇妙的感受。白查村新址的选择就是如此，将新村建在老村旁。

图5-23 平遥古城（一）

图5-24 平遥古城（二）

（8）多种形式相互融合的保护模式

这种模式是将多种传统民居的保护模式共同利用，根据传统民居的不同特点，灵活选择多种保护模式，以达到更好保护海南黎族传统民居的目的。

案例一：江西婺源

享誉"中国最美乡村"的江西婺源有着丰富的历史文化遗迹和建筑遗存。在婺源县，国家级非物质文化遗产有徽剧、傩舞、徽州三雕；国家级历史文化名村有延村、虹关村等；国家重点文物保护单位更是数不胜数。除了物质和非物质文化遗产之外，婺源物产丰富，风景秀丽，油菜花田、篁岭"晒秋"景观、婺源绿茶都非常著名。近年来，婺源相关单位整合了各类遗产资源和美丽景点，着力将婺源打造成世界知名的旅游地。此项工作开展以来，既创造了可观的经济收益，也使得当地传统村落得到重视与妥善保护。

在江西婺源的案例中，前面提到的保护模式几乎都有相应的运用方式，例如：历史遗迹、明清古建筑的保护——典型古建筑与传统民居相结合；油菜花田、篁岭"晒秋"——与农业景观相结合；婺源绿茶——与特色农产品相结合；徽剧、傩舞——与传统民风民俗相结合。江西婺源的传统建筑保护模式是将传统民风民俗、文化遗产、农业景观和旅游业相互融合，在保护传统村落建筑的同时，对当地的地方剧种、石刻技艺进行传承，整体带动了当地经济的发展，提高了村落知名度。

对海南黎族传统民居多种形式相互融合的保护模式不仅局限于上述几种，根据海南黎族传统民居的当地现状绘制了如下多种形式相互融合的保护模式结构图（图5-25）：

小结

从20世纪中后期开始，对于传统建筑保护的深度和广度更加深入，我们逐渐意识到，文化遗产中不可或缺的一部分就是传统建筑，建筑作为社会经济和文化的载体，是社会文明的象征。从这个角度出发，保护传统建筑的同时，就是在保护我们人类历史在不同年代所开创的不同文明。我国物产丰饶、人口众多，民居建筑种类繁多，文化类型也多种多样，但是在文化日益趋同的当今社会，保护传统民居也是在保护文化的多样性。文化的多样性创造了生活的偶然性，进而使得人们在学习文化的时候有了更多的选择。

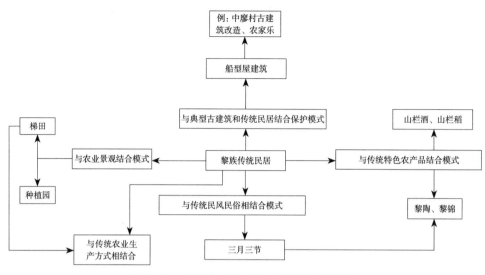

图5-25　多种形式相互融合的保护模式结构图

通过分析八种传统民居的保护模式能够得出这样的结论，我国近代传统民居的保护工作充分考虑到不同地域传统民居所具有的不同特点和文化差异，因地制宜地进行传统民居的保护修缮工作，并在此基础上进一步发展和利用。

1960 年国务院通过的《文物保护管理暂行条例》明确了文物价值主要体现为历史、艺术和科学价值，俗称"三大价值"。[1] 传统民居同样具有这"三大价值"，并且相比于其他的文物类型，民居与当地居民的生活联系更加密切。在对传统民居进行保护时，无论哪一种保护模式，首先都遵循建筑的真实性和完整性的保护原则，没有真实性，传统民居就失去了其最重要的核心价值，即使完整性很高，也失去了本身的价值。而对于真实性和完整性，不同时期和不同流派对此也给出了不同的定义。例如，1979 年颁布的《巴拉宪章》中提到："保护的基础是尊重现有构件、用途、联系和内涵，这要求采取一种谨慎的方法，只做最必要且尽可能少的改变；对一个地点的改变既不应当歪曲其所提供的自然的或者其他的证据，也不应当以猜想为基础。"[2]1982 年《佛罗伦萨宪章》中第九条提到："历史园林的真实性不仅依赖于其各部分的设计和尺度，同样依赖于其装饰特征以及

---

[1] 文物保护管理暂行条例 [J]. 文物，1961（Z1）：7-9.

[2] 王世仁 . 保护文物古迹的新视角——简评澳大利亚《巴拉宪章》[J]. 世界建筑，1999，5：21-22.

每一部分所采用的植物和无机染料。"[1] 在我国，1999 年颁布的《木结构遗产保护准则》的具体干预措施中是这样叙述的："新的构件或组成部分应采取与原置换构建相同或（在合适的情况下）更好的木材。条件允许的情况下，也应包含类似的自然特征。所选取置换木材的湿度和其他物理特征也应与现存古迹结构相兼容协调。"[2] 又或者在 2003 年颁布的《建筑遗产分析、保护和结构修复原则》"总标准"中对真实性的表述为："建筑遗产的价值和真实性不能建立在固定标准的基础上，因为尊重文化多样性要求物质遗产需在其所属的文化背景中被考虑。"[3] "不改变现状"是中国文物古迹保护的主导理念。在保证传统民居建筑的真实性的前提下，人们也意识到建筑的完整性也同样重要。《雅典宪章》中曾提到："应注意对历史古迹周边地区的保护；在具有艺术和历史价值的纪念物邻近地区，应杜绝设置任何形式的广告和树立有损景观的电杆，不许建设有噪声的工厂和高耸状物。"[4] 2005 年《西安宣言》中指出："不同规模的古建筑、古遗址和历史区域（包括城市、陆地和海上自然景观、遗址线路以及考古遗址），其重要性和独特性在于它们在社会、精神、历史、艺术、审美、自然、科学等层面或其他文化层面存在的价值，也在于它们与物质的、视觉的、精神的以及其他文化层面的背景环境之间所产生的重要联系。"[5]

　　海南黎族传统民居在保护模式设计时，首先遵循了保证建筑的真实性和完整性的原则，在典型古建筑和传统民居相结合的保护模式中，"原地保护、修旧如旧"就是如此。但是海南黎族传统民居在最大程度保护其原貌的基础上，也应使传统民居的使用功能与时俱进，与新时代人们的生活需求相结合。

　　在完成对传统民居真实性和完整性保护的基础上，对其进行再利用也是传统民居保护的一种模式，有着非常重要的意义。薛林平在《建筑遗产保护概论》中提到的保护和再利用建筑遗产有三个非常重要的意义："首先，对建筑保护主体的再次使用有益于建筑遗产的保护；其次，建筑主体的再次使用有益于可持续发展；再次，建筑遗产的再利用有利于提高经济效益。"[6] 这一点与笔者在前文提到

[1]　傅岩，石佳. 历史园林："活"的古迹——《佛罗伦萨宪章》解读 [J]. 中国园林，2002，3：74-78.
[2]　国际古迹遗址理事会"木结构遗产保护准则"（全文）[EB/OL]2010-07-22 http：//www.iicc.org.cn/
[3]　建筑遗产分析、保护和结构修复原则（全文）[EB/OL]2010-07-22 http：//www.iicc.org.cn/
[4]　姚赯，蔡晴. 两部《雅典宪章》与城市建筑遗产的保护 [J]. 华中建筑，2005，5：31-33.
[5]　郭旃.《西安宣言》——文化遗产环境保护新准则 [J]. 中国文化遗产，2005，6：6-7.
[6]　薛林平. 建筑遗产保护概论 [M]. 北京：中国建筑工业出版社，2013.

的几种保护模式不谋而合。在对传统民居进行再利用时，除了要注重一开始提到的真实性和完整性的原则之外，建筑遗产的可持续性发展也是非常重要的原则。笔者在设计海南黎族传统民居的保护和发展模式时，努力做到"建筑资源→保护→对资源再利用→产生经济效益→对经济效益再利用→保护建筑资源"的可持续发展模式。第2章提到的7种对海南黎族传统民居的保护模式都是对传统民居的再利用，区别在于再利用时对原建筑功能的不同划分。第二章还包括对原海南黎族传统民居功能的新开发，以及对海南黎族传统民居原有功能的再利用。

在海南黎族传统民居原有功能的基础上开发了新的功能，例如在与传统特色农产品相结合的保护模式和与传统民风民俗相结合的保护模式中，就是在对海南黎族传统民居原本的居住功能上开发了新的功能，作为传统特色农产品和传统民风民俗的文化背景而存在，根据"建筑资源→保护→对资源再利用→产生经济效益→对经济效益再利用→保护建筑资源"的可持续发展模式，利用产生的经济效益对海南黎族传统民居进行保护。另外一种新功能的开发是作为文化传播的媒介，例如将传统民居改造成博物馆，传统民居本身就是展品。在与传统农业设施相结合的保护模式中，新疆坎儿井的案例就提到了这一点，但不同的是，在这个案例中，坎儿井博物馆重新建造了新的建筑，而新功能开发原本是将原建筑作为博物馆利用的，例如塞纳河左岸奥赛火车站的重新改造就是将废弃的火车站改造成为美术馆。虽然博物馆通常要求较大的空间，但是海南黎族的船型屋本身就是展品，将船型屋村落整体建造成博物馆也不失为一种形式。与现代民宿相结合，就是对传统民居原有居住功能的延续。但是在这一保护模式当中，也体现出了一个中国传统建筑再利用时普遍存在的问题，即中国传统建筑的地理位置、面积大小、空间划分和建筑材料的保存现状不能够适应现在社会的需要，笔者在海南黎族船型屋中对此作了具体阐述，同时也提出了相应的解决方案。海南黎族的船型屋无论在建筑材料、空间布局、面积大小上都不适合在原建筑上进行居住功能的延续，对此，解决方案是在原建筑的周边另选新址，结合现代建筑技术，重新建造适合现在生活需要的船型屋，使新旧建筑交相辉映。

书中提到的多种形式相互融合的保护模式，既是对传统民居功能的延续，也是新功能的开发，在多种模式的共同作用下，共同致力于海南黎族传统民居的保护工作。

除了对传统民居本身的保护，在传统民居保护的内容和层次上也有明确的内容，例如：1987 年通过的《华盛顿宪章》对于历史城镇的保护内容有较为详细的阐释："所要保存的特性包括历史城镇和城区的特征以及表明这种特征的一切物质和精神的组成部分，特别是：（1）用地段和街道说明城市的形制；（2）建筑物与绿地和空地的关系；（3）用规模、大小、风格、建筑、材料、色彩以及装饰说明的建筑物的外貌，包括内部的和外部的；（4）该城镇和城区与周围环境的关系，包括自然的和人工的；（5）长期以来该城镇和城区所获得的各种作用。任何对上述特性的威胁，都将损害历史城镇和城区的真实性。"[1] 简单来说就是，不仅要对传统民居建筑本身进行保护，还要对其周边的环境进行保护，并且注意周边可能对传统民居保护存在威胁和破坏的因素。

在对周边的环境进行保护时，也应首先遵循真实性的原则。这里所提到的真实性意味着尽可能多地保留周边环境的原样，大到传统民居所在村落的街道布局、空间划分、新增建筑风格，小到一砖一瓦、一草一木。传统民居凝固了人类发展的历史，传统民居组成的村落更是人类不同文化的活化石。笔者在第三小节与农业景观相结合的保护模式中，就提到了传统民居的保护应与周边的环境相结合，结合海南黎族传统民居的地理位置特点。在阐述时具体到了与农业景观相结合这一点，倡导在保护海南黎族传统民居时与周围农业景观相结合，增加传统民居建筑的美感，同时，将传统民居融入村落中进行保护和开发利用，更加有利于提高知名度，增加经济效益，符合前面提到的可持续发展的原则。

除了整体环境的真实性保护之外，对其地域差别特殊性的保护和活态传承也是传统民居内容保护的重要方面。

英国皇家建筑师学会帕金森说过这样一句话："全世界有一个很大的危机，我们的城市正在趋向同一个模样，这是很遗憾的，因为我们生活中许多情趣来自多样化和地方特色。"[2]

地域特点的形成往往是上千年文化的积淀，它的发展过程是悠久而漫长的，传统民居和村落都是展示地域特色的载体，因此，保留传统民居及其风俗习惯，就是保护当地文化的特色。而活态的传承是传统民居的发展，是传统民居保护最终的目标和归属。

[1] 林源，孟玉.《华盛顿宪章》的终结与新生——《关于历史城市、城镇和城区的维护与管理的瓦莱塔原则》解读 [J]. 城市规划，2016，40（3）：46-50.

[2] 杨小波，吴庆书. 城市生态学 [M]. 北京：科学出版社，2006.

　　海南黎族传统民居作为极具地域特色的建筑类型，是中国传统民居中一颗耀眼的明珠，不仅反映了黎族先民的居住智慧，更是承载了千百年来黎族文化的特征。对海南黎族传统民居的保护应当遵循上述原则，并且保护力度需不断加深，保护范围不断扩大，使海南黎族传统民居不断发出耀眼的光芒。

　　传统建筑及其聚落环境极具特色，并且因传统建筑的原创性和不可再生性而具有极高的科研价值。建筑遗址的保护是通过人为修补和妥善管理，降低人为损坏和自然损毁的可能性。正因如此，对于传统建筑的保护模式的选择不应囿于单纯的修缮，而是通过潜在的社会文化价值进行附加价值应用。例如：经济、文化、商业、教育等，既要保护，也要传承和发展。

6.1 从域外经验看再生设计

1. 再生设计的多重释义

20 世纪初,工业和科技水平发展到一定阶段,大众市场规模形式从单一到多样,艺术运动变革改变了人们的审美情趣,同时现代建筑也随之兴起。先前的欧洲艺术家和设计师形成多种分散流派,在这种情况下,自由设计体系转变为多种设计思潮的大融汇,形成现代主义思想,并且传播速度之快、范围之广,现代主义思想撒播世界各地,现代建筑在 20 世纪 50 年成为世界建筑设计的主流方向。在日新月异的城市化进程中,我国的城市建筑风格更多是以融入国际大都市文化背景下的现代主义风格为主,以钢筋水泥、高楼大厦为典型例子,原本属于中华民族五千多年的民族文化结晶随着新型城市的出现渐渐消失。在当今,科学技术和生产力水平不断提升,随之而来是物质生活水平的提高,社会生活方式的类型也越来越多,对建筑语言和建筑形式提出了新的要求,建筑不仅要满足基本功能形式,也要与自然、社会文化环境相适应。在经济高速发展的同时,中国也在大力弘扬民族文化自信,当代国人对具有鲜明中国特征与时代特征的文化内涵的要求也在日益提升。为此,我们主要通过对国外"再生设计"在建筑领域中的应用分析、借鉴和提炼相关的设计手法,设计出具有海南黎族地域性特色内涵的旅游建筑群。

再生设计概念的提出,是源于"城市再生"理念并将其延伸所得,目前并没有明确严谨的定义,其核心思想是在已有设计理论的基础上,与更加自由、更具生态理念、更富有人文思想和更具文化特色的融合,再生需要积极的、尽可能发挥原有事物的特性，却又非一成不变，既要保留其本质，又要赋予新的生命。[1] 地形地貌特性与建筑选址位置、传统建筑工艺与现代高科技技术，地方材料与工业属性材料、村落整体布局环境及民族文化传承能否相适应，多方面因素都要统筹兼顾。在实际设计方案中，需用合理的方法解决生态与人文的关系，切勿操之过急。因此，又可以把再生设计理解为可持续设计、地域性设计、绿色设计。

可持续发展概念是人类在现代化进程中对自然破坏进行反思所得的结果，是人类在环境友好型、资源节约型与城市建设之间关系中作出的理性选择，本着以对自然资源和环境的保护为出发点，在此基础上促进生态自然与建筑的和谐发展。可持续设计是"可持续发展"观念在设计学科中延伸出来的设计理念，把这种理念和方法运用到人类的生活、生产方式中，实现现代与历史的统一、科学与艺术的统一、自然和人工的统一、生态与人文的统一，将对自然环境和城市建设问题有重大的现实意义。

地域性设计是把本民族文化、艺术设计、人机工程学、科学技术相互应用的一种创造性活动。灵感来源于当地地貌特征和自然条件，并将鲜明的民族特色与地域特色融入现代设计中，保留其本质，创造出地方建筑的特异性，以此达到形式美与功能美相统一。地域性特色是指以地方自然景观为背景，以地域聚落景观为核心，由自然遗产和居民世代创造的多样性文化遗产共同构成景观环境的综合体。20 世纪 50 年代，日本、澳大利亚和欧美许多国家在建设保护和再生设计方面就有了强烈的民族文化意识，但当时中华人民共和国刚刚成立，主要精力放在了恢复社会经济的建设，对于建筑的保护和再生设计的研究相对于西方国家来说起步较晚，在建筑规划方面曾长期处于以拆除、废弃、重建为主的状态中。

2. 法国小镇——木筋屋的传承和延续

欧洲在重视城镇建设、追求个性化和特色化的同时，也注重人文环境的继承和生态环境保护。每个地域都体现出不同的特色和文化底蕴，住宅以低层设计形式为主题，色彩搭配丰富得体，每一座建筑都富有个性、纯朴自然，十分奇妙地融入自然环境中（图 6-1）。当地居民非常注重旧建筑保护和维系生态的平衡，在

---

[1] 高翠娥，王宇 . 可持续发展的东北老工业城市旧工业建筑再生设计研究 [J]. 黑龙江工业学院学报（综合版），2017，17（8）：44-47.

对建筑物保护和再次设计的同时，不仅保留了其传统的外观，还保留了传统室内设计的装饰样式。

欧洲大陆纵横交错，与德国毗邻的法国东北部阿尔萨德是科尔马小镇的所在处。在欧洲史册中，科尔马小镇即上莱茵首府由于与德国的地缘因素，曾多次被德国占领并统治。在两国的"交替"统治下，促使了科尔马文化的交融，展现出其独特的气质面貌。它既展示了拉丁民族浪漫舒适的情怀，又蕴藏着日耳曼民族严谨勤恳的精神。16世纪，科尔马小镇主流建筑多为木筋屋（图6-2），多面形的屋顶采用木材构造，尖尖的屋顶又有15世纪德国哥特式建筑的风格；内部主体以粗木条框架为主体支撑，木条之间的衔接方式类似于中国明代建筑结构方式，都属于木榫结构组合成体。墙体材料与海南黎族原始房屋使用泥土和草茎的混合物黏合填充成墙的方法相一致，但这类墙体不便于长期保存，后期发展为以水泥石砖砌成的墙体，令结构更加稳固。外立面采用纯天然木材进行装饰，墙体由竖、横、斜木条构成简单的几何图案，在墙面上附着色彩相呼应，每一座房屋的装饰设计方式迥异，不仅造就了每一栋建筑设计上的独特个性，在整体设计上也不会脱离整个建筑群的共性。科尔马居民在历史长河中创造出童话一般的阿尔萨斯小镇风情，也养育出法国居民浪漫、有情调的性格特征。

图6-1 欧洲格林德瓦尔德小镇

（资料来源：www.mafengwo.com）

图6-2　科尔马木筋屋

（资料来源：www.linkedin.com）

3. 日本建筑发展历程

从长远设计发展的道路来看，设计产品必须有独特个性和人文关怀，只有在当代市场下才能有独特的竞争优势。探索地方文化内涵，蕴含民族特色，将民族特色与现代设计相结合，形成独特的设计体系，最终体现在独特个性上，这是地域设计的本质所在。

日本和中国一衣带水，在生活方式、风土人情、语言文字上有着深厚的文脉渊源，而日本设计史与中国设计道路更有几分相似之处，日本古代城市主要受中国影响，同时期的中国古代建筑，其构造方式是木构架结构，在外观上以单座建筑为单位围合成庭院，屋顶设计样式非常丰富，变化多端（图6-3），隋唐以后，日本首都建设是以长安为设计样本，以平城京和平安京为代表。19世纪50年代后，以欧美国家来日本访问为起点，西方城市设计理念传入日本，随之放弃了传统城市规划理论，创建了新型建筑城市。19世纪七八十年代，现代主义思潮在世界各地涌动，人们把象征新时代的现代主义融入新兴生活方式和价值观念中，走向西方文化世界。

日本早期现代设计是以照本宣科的方式引进欧美国家的设计技术和设计理念（图6-4），这一时期的设计几乎没有日本特有的地域性特征，以钢筋水泥、红砖玻璃等带有冰冷特性的材料代表高技术风格的发展脉络。但在第二次世界大战之后，日本更倾向于将生活方式和城市规划理论与本国深厚的文化遗产相结合，构建一个符合日本传统民族与现代科技并行的发展道路。日本设计师不再是由里到外地模仿欧美设计,而是对欧美设计进行解构与重组,将欧洲设计理论糅合本土设计内涵,重新创造出具有日本精神和带有自己符号的设计形式,具有很强烈的地域风格特色。在都市建筑保护和创造过程中,设计师在城市规划中既保留了传统文化,又运用了高新技术的方法。日本是一个擅长学习的国家,通过邀请欧美设计师来日本进行设计教学,逐渐摆脱了单纯抄袭西方模式,形成了风格鲜明的"双轨并行制度"的发展模式。双轨制设计巧妙地处理传统和现代的关系,在设计上既有传统美学设计思想,又与现代设计功能主义相融合(图6-5)。在服装、家具、室内设计、手工艺品、灯具等领域根据时代发展要求设计(图6-6),以此保持传统文化的连续性,将传统血脉一直渗透到当代建筑中,创造出具有生命力且妙趣横生的艺术文化。

图6-3 日本传统建筑

图6-4 日本现代建筑

图6-5 日本当代折纸屋建筑

图6-6 日本工艺制品

日本传统建筑在结构与装饰上充分体现了人与自然和谐相处的人文主义思想。在日本民族文化当中我们可以体会到"天人合一"的思想，他们对大自然有着崇高的敬意，与大自然和谐共生，设计师在房屋建造过程中也融入了自然设计的法则。尊重大自然最原始的面貌，充分发挥大自然与生俱来的美感形式，在房屋设计和选材时尽可能符合原材料的自然属性，反映材料的真实质感，保留最质朴的形态，尽可能不加修饰，使房屋从里到外更加与自然协调。日本岐阜县高山市三町传统建筑群展现了天地人和的思想，在房屋建造上都有严谨的态度，严格设计房屋局部和房屋整体的比例，装饰与形态的比例也都极为匀称和协调，与现代功能极其符合，整体设计感觉就是线与面的结合，让人觉得尤为质朴却又不失精益求精的态度。建筑群与自然构成了一幅和谐唯美的画面，令人叹为观止，日本当代设计一直深受传统文化的影响。使得其建筑艺术单纯而不失内涵，具有强有力的生命感和鲜活力，充满抒情诗的美感。同时，其建筑整体上无论是外在装饰还是内在陈设都给人以无限温馨和舒适感，体现着日本地域独有的特色。[1] 这些特色展现出日本传统建筑的无限魅力。从日本设计的整体角度来看，这一过程可以为我国海南黎族本土化设计的发展提供一个切入点，可以从中获得宝贵的发展经验。

4. 澳大利亚宜居设计

20世纪中期澳大利亚出现了经济繁荣景象，为了提高国际地位和在现代建筑界中体现声望，在城市建筑上更多地采用现代玻璃墙体取代原有设计方式，以便与欧美城市接轨，随处可见的玻璃幕墙建筑如雨后春笋般出现。随着时间的推移和验证，发现大面积玻璃的应用不适合澳大利亚的阳光和温度变化，澳大利亚处于热带、亚热带地区，气候特征为阳光直射强烈，日照时间长，干旱面积大，全大陆普遍暖热。而玻璃幕墙能吸收大量的太阳可见光，在空间和时间上易引起视觉的不舒适感导致室内干燥闷热，于是到20世纪60年代从轻质钢转为混凝土结构，采用遮阳设施，特别是预制混凝土板，改变城市塔楼的面貌，受地域性启发的激进结构强烈地反映出热带条件。[2] 政府为了提高国家的经济实力，一味地

[1] 罗勇.浅析日本传统建筑中的人文思想 [J].现代物业（中旬刊），2018，2：22-23.
[2] 王育林.地域性建筑 [M].天津：天津大学出版社，2008.

毁林放牧、毁草经农、伐木出口、开山淘矿，对森林造成了极大的破坏，人与自然环境失去了平衡界点。为此，澳大利亚联邦政府设立了相关环境保护法律，建立重点自然保护区域，对生态进行保护。在建筑与环境方面，建筑师以真诚的态度保护现有的环境，丰富城市结构，从而为特定地理环境提供庇护场所，表达出对自然条件的尊重。

澳大利亚东部地貌多为丘陵和山地，自然地形富于变化，建筑位置与自然环境的关联应首先顺应地形地貌，尽量保持地域和自然地形的原态，减少对生态环境的伤害，让建筑根基于地形，展现出建筑根生土长的意境。设计师在建筑形式上追求文化文脉、气候环境、社会经济因素，通过材料减少建筑吸收的热量，脱离工业耗能机器设备进行降温，更多是在建筑构造和材料上采取措施改善建筑环境，减少资源运用和材料的可循环再利用，逐步走向生态建筑创作之路（图6-7）。

充满野性的澳大利亚土著文化根植于自然环境，最初的土著居民在大地上进行狩猎和采集生活，依靠自然环境的给予而生存。澳大利亚土著居民和我国海南黎族在文化方面有着相似点，二者都没有成形的文字，都依靠在树皮和岩石上绘画记载生活行为，土著艺术来源于宗教信仰和对大自然色彩的提取，绘画材料取自大自然中的有色物质材料，红色代表一种神圣的色彩，广泛运用于生活中，绘画图案多为点、线、圆圈、月牙形状等。通过对这些元素的提取和排列组合，进行平面绘画和元素装饰。这些都在致力于土著文化的创新作品中均有体现。我国海南黎族黎锦纹样中多为记录日常生活所见的景象，把生活所见进行简化，再重新用几何元素进行排列组合，大都是以动物纹样、人物纹样和带有亚热带风情的植物纹样为主题，在颜色的选择上以黑色和红色为主。两个位于不同半球的民族在最原始状态下都采用自然色彩进行文化延续。由此可见，最初艺术设计都来源于生活。

澳大利亚是一个被阳光普照的国度，赤色大地上充满着奇幻的阳光，赋予土著艺术明媚的个性。当今澳大利亚的建筑外观遮阳设计对于土著艺术中明亮色彩有着钟情的喜爱。Spectrum公寓坐落于澳大利亚墨尔本一个三面临街的地方，通过建筑本身展示地区多元化背景。建筑"条状形"结构几何交错地覆盖在墙面上，在色彩上采取土著红色、橙色和大自然的海洋蓝色、林中绿色，运用建筑阳台上增加公共空间活力，提供采光和自然通风。采用醒目的色彩处理建筑与三个街道之间的关系，形成独特的建筑语言。建筑另一灰色立面为凹凸立面设计，具有风吹墙动的效果，也减少了公共空间的开敞性，增加了一定的私密性。立面设计为建筑创造了一个遮阳空间，对地域性气候作出良好的回应（图6-8）。土著色彩在建筑形式上的运用也为海南黎族装饰色彩应用的发展提供了一个参考方向。

图6-7　Wirra Willa Pavilion 别墅

（资料来源：www.Architizer.com）

图6-8　Spectrum公寓

（资料来源：www.archdaily.com）

5.再生的地域性回归

随着我国经济的快速发展,大力倡导弘扬民族文化自觉和文化自信。现如今,高科技和标准化结构设计已经不足以支撑我国设计的发展。我们可以向有浓厚建筑情结的欧洲国家学习,欧洲是艺术设计的发源地,聚集了众多的设计流派,并且不断更新设计理念,使其历史建筑文脉得以延续和传承。我们还可以向日本学习"双轨并行制"设计,一方面发展高新技术设计,另一方面发展传统本土化设计。再生设计在传统工艺的演变中,有一部分设计师完全继承了原汁原味的手工艺制作方式,也有一部分设计师对传统工艺进行解剖、分析、提炼、重组后再进行设计。澳大利亚四面临海,建筑群更多考虑方位地理因素,尽可能注重环境渊源,利用色彩及自然肌理反映建筑特性,结构严谨,细节精细,对本土细致关怀。

海南省地理位置独特,气候舒适宜人,旅游名迹享誉世界,以当地地域风情与生态环境吸引旅客观光旅游,同时进行一场身心的视觉盛宴,从人文景观和自然景观向观光者展现其独特性。海南作为黎族居民聚集地,建筑多为船型屋,装饰元素简洁大方,硬朗,多为对称性结构。海南地域进行再次设计要维护好地区生态环境和特色人文资源,满足外观的美观性,在符合现代功能的同时也要兼顾具有旅游价值和美学价性。黎族村落建筑群的再生设计需要立足于当地祖辈流传的历史遗迹背景,再结合地域自然和文化特征,用科学的手段满足功能的需求,以艺术手法再现黎族建筑文化的精髓,丰富黎族多样文化内涵。

6.2 黎族传统民居元素在现代建筑中的"再生"

1.黎族传统民居元素在南海岛屿建筑外观设计中的应用

经过调研可知,由于人地关系的多重因素,南海岛屿建筑外观设计与地域民族民居结合的研究尚处于萌芽阶段。南海岛屿建筑外观设计与地域民族民居结合要考虑地理、人文等要素。在凸显当地环境特点的同时,应该体现南海诸岛的地域、民族、历史等文化特征。基于此再运用设计原则与设计方法体现海南黎族建筑形象,外观设计时应注意区别于邻国建筑外观文化,赋予南海建筑外观自然适宜的地域内涵。鉴于此,可以将黎族传统民居元素作为主要设计切入点。

（1）南海岛屿建筑与黎族民居

2012年成立的新行政区海南省三沙市，是我国最南端的地级市。在所有的地级市中，三沙市的海域面积最大，但陆地面积最小，人口最少。目前，三沙市主体所在地永兴岛的建筑设计主要侧重于日常生活的基础性职能，在多角度、立体化地传播传统民居文化方面存在较大的提升空间。海南黎族传统民居特征可以作为绝佳的应用元素。因热带季风气候的影响而形成的特有建筑形制，使黎族传统民居建筑成为研究中国南海岛屿建筑起源及其发展进程的重要研究佐证。通过黎族传统民居也展现了海南省的地域特质、民族民风民情、民族建筑装饰等状况。其建筑元素可以在新建筑中作为现代化的重现与扩展使用。另外，黎族民居建筑从当地取材，所选的建筑用材既有热带季风气候特性，也有防潮、耐腐等优良性能。关于这一点，新建筑也可借鉴。

①海南黎族传统建筑形式

海南省最早的原住民是黎族，黎族主要聚居地也是海南省。自1992年改善少数民族群众住房环境政策到近年来新农村改造政策的施行，在提升黎族村民居住环境的同时对黎族传统民居的数量和质量产生了一定的影响。传统的船型屋造型和建筑装饰形式逐渐退出了历史舞台。设计的使命就是传承与创新，设计师把船型屋的建筑形制和装饰方式有意识地应用在海南的景观、地产项目之中。

海南黎族船型屋分为落地式和干栏式，除了高度有差异外总体差异变化不大。屋顶的骨架类似一艘倒扣的船体，屋顶由葵叶和选择过的树枝按照一定顺序进行编织，层层叠压有序地铺在屋顶结构上，形成了实用性与稚拙美感并存的船型屋屋顶形制。立面墙体的用料就地取材，采用泥土与草根搅拌后，中间排布等距树枝增强其支撑力，在海南阳光高温的烘烤下形成独特的肌理效果。由于海南省多台风，草根混泥墙无法承受横向台风的侵袭，所以在现代建筑装饰中借鉴应用船型屋立面墙体的肌理效果。设计师在实践过程中不断探索完善，在景区、地产项目、会所等现代建筑外观设计中大量采用船型屋立面墙体的肌理效果。其鲜明的民族装饰特征形式在海南本土建筑中越来越多地得到认同与关注。

如图6-9所示，传统黎族民居外墙材质有着鲜明的地域特征，居住地周边的泥土基面经多年晾晒后，所呈现的色彩与植物草根的黄色形成了独特的肌理效果。这类墙面效果在乡村乍看仅具有地域性特征，实际上在应用环境剥离后的城市建筑装饰领域中有着较强的实用性，即可运用材质对比的手法，将黎族墙面材质肌理效果与现代装饰材料相结合，在大量使用现代装饰材料的环境中，选择适度面积将这种肌理材质融入，将取得极佳的装饰视觉效果，充分提升了空间品位与特征，彰显了民族环境中的地域性装饰符号。

图6-9 传统黎族民居外墙肌理效果

如图6-10所示，黎族的传统民居住宅建筑体量较小，相对低矮，在主入口却兼顾了对适应户外活动的考量，主入口的活动平台相对其他立面平台而言更为开阔，方便居住者进行诸如纺织、编织等生产活动。另外，对于建在山区的黎族村庄来说，为了尽量降低雨水冲刷带来的影响，房屋的基层也做了相应的抬高处理，在易于雨水外排的同时也兼顾了地基的稳固作用。对于屋顶的茅草也需要不间断地进行修补，每次暴雨或台风过后，都需要对破损的部分重新进行填充。

图6-10 黎族的传统民居户外活动平台

②海南黎族传统装饰符号

海南黎族的纹样类型丰富，内容也十分丰富。几何纹、蛙纹、鸟纹等黎族纹样经过抽象变形改良凝练后就能应用到现代建筑外观设计中。在众多纹样里，大力神纹最具黎族典型性特征，相传大力神是黎族的造物神，因此在海南商业建筑外观也经常能见其身影。装饰应用上有二维平面和三维立体两种形式，加之纹样自身的简洁性，两种形式的应用皆具有鲜明的黎族特色与形式美。在设计方法上，将纹样抽象变形处理后以二方连续带状分布或者四方连续块状分布后应用，从视觉效果来看形式美感也得到了提升。现代科技的发展促使了三维立体装饰手段的多样性。3D打印机、激光雕刻机能够在较短的时间内呈现立面装饰，在时效上也是一大突破。槟榔谷就大量运用了黎族纹样，游客对黎族纹样代表海南地域民族特色也有了一定的接受度与认可度。

（2）地域性建筑外观设计

①海南地域性建筑的特殊性与模式变革方向

既然不能将全部建筑原材料在施工现场进行堆积，那么目前国内外建筑对于这一问题最为恰当的解决办法就是轻钢结构了，这种建筑形式最大的优势就是几乎所有的立面墙体与主体结构部件均可以在制造工厂提前加工完成，虽然这样会对建筑图纸有更高的精度与准确性要求，但并不是无法克服的难题。在这种情况下通过现场组装的施工操作即可以快速完成一栋建筑的主体结构与立面施工，最重要的是这种方法不对施工现场的操作面积有太多要求，也能够对周边环境做到最大化的保护。因此，结合这种建筑形式与工艺材料现状，在建筑外观设计中也会对传统的设计形式做较大幅度的调整。例如，传统的建筑外观设计是在土建施工结束、主结构无法改变的情况下进行的，这样做对于外观设计而言更像是对建筑外观表面的"贴皮"处理，完成的效果多近似于平面化的感受，又或者流于传统装饰材料的简单铺贴处理，均没有做到对建筑外观进行真正意义上的设计；而借用轻钢结构的建筑形式，设计师就可以在建筑结构设计环节，将外观设计中的黎族民族装饰造型与主建筑结构设计相结合，即将外观装饰造型主体作为建筑主体结构的一部分，这样处理的最大好处是，除了提高外观装饰造型的牢固度，还可以在设计前期将设计师对外观设计的考虑最大可能地与主体结构设计相融合，使得一次性设计的整体性、完整度、统一性、风格化等均可以得到前瞻性的解决，极大地提升了单体建筑设计的设计、施工效率，不仅节约了造价成本，更在初始设计阶段就对外观设计有了鲜明的主张与表现。

如图 6-11 所示,这是笔者 2012 年完成的位于三亚市一座山体上的别墅群设计项目,图中是项目前期所在的山势表现,目的是为了将设计项目中所在的建筑环境进行三维立体化的呈现,以利于全方位的设计思考,便于与甲方沟通。图中山体上的环形白色线条是由勘测院所实地测量得出的等高线,用以标示山体的起伏与落差尺寸,对后期设计有十分重要的导向作用。有了等高线的尺寸,整体规划时的准确度就会得到有利的保障,无论是在局部建筑设计时的地基面层考虑,还是规划布局时的鸟瞰设计,都能做到精准,对开展设计工作提供了最有力的支持。

图6-11　山体等高线

如图 6-12 所示,一旦将具备了等高线的山体进行三维复原,就可以进行 360° 旋转,观察山体的宏观态势,但是为了能够更好地与周边山体地势相结合,设计者也应努力将周边环境进行较为准确的模拟,这也得益于当下实景地图浏览软件与比例尺的配合,可以帮助设计师将设计项目四周环境态势的数据进行梳理与计算,形成完整的局部地形。其实这也和模型制作中的工作模型或实体模型阶段有非常近似的功能,都是为了给后续主体设计对象进行前期必须的过程准备,并且同样具备承载与非专业人士易于沟通的实效作用。

图6-12　山体三维模型

如图 6-13 所示，对于地形分析设计阶段来说，在总体地势进行三维模拟后，为了便于理解不同角度环境下的设计对象，参照物的设定也很重要，所调参照物，一般来说是指实际环境场景中的物体或建筑，图中所示的白色立方体在实际环境中则是高压电线杆。

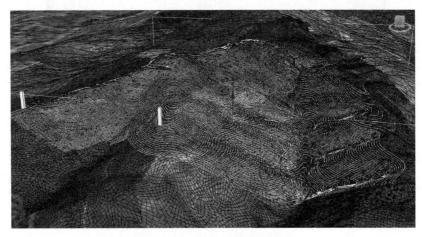

图6-13　山体三维模型参照物

如图 6-14 和图 6-15 所示，对于山体环境的模拟，不仅可以较为准确地体现山势地貌，还可以在三维软件的辅助下，将植被与经济作物的实际分布情况进行模拟表现，这样做的目的在于帮助设计师在具体建筑单体选址、道路规划、后期管井路径设置等诸多环节设计时，合理地利用现有植被与作物环境，不但能够加快施工进度，还可以降低不必要的成本投入，更得以对建筑绿化环境保留尽量自然化的效果。

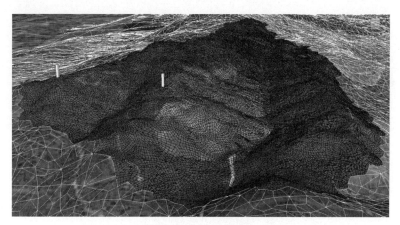

图6-14 山体三维模型植被分布情况展示（一）

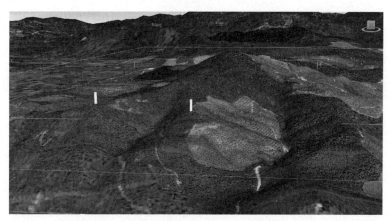

图6-15 山体三维模型植被分布情况展示（二）

如图6-16所示，如果所涉及的设计项目要与较为完整的环境进行结合性表现，那么山势、河流水系、高速城际道路乃至城市建筑等均需成为准确表现的对象，当然这些元素的数据均可以从地图网站中获取，但实际表现环节中的角度问题则成为重要的观测点，合理的角度选取可以从最为美观的角度出发，将数据得出的资源以美学角度呈现在受众面前。

图6-16　设计项目环境三维模型展示

如图 6-17 所示，有些情况下，适度地将海洋等宽大水体面的水系元素表现在设计图纸中，亦可极大地提升图面的表现力与视觉冲击力，此时地势的轮廓将呈现出完全不同的美感，可以成为辅助设计项目、提升商业品味的技术手法。

图6-17　三维模型水体展示

如图 6-18 所示，这个角度则是从海面上转向陆地，这种视角未必是为了美学上的取景，更多是为了照顾建筑选址时的多元化，并且丰富了与客户沟通时的资料完整度，更值得一提的是，对于项目中背山面海的优越位置可以最为直观地呈现在图纸中。

图6-18　三维模型陆地展示

（2）海南地域建筑结构与黎族风格的结合

设计师在考虑一种合理建筑外观设计的同时，又要兼顾所属地域的特征，那么对于海南而言，黎族无疑是这块红色土地上最为独特的民族，黎族的建筑装饰元素亦是海南建筑外观设计中最为鲜明的地域风格。

轻钢结构建筑在建筑外观方面有别于传统建筑形式，可以根据外观设计造型，将有结构造型的外观形式在工厂制作阶段即可同时按施工图纸加工，在建筑的整体风格上具有统一性。首先，这种方式能够使外观设计造型与建筑主体结构自然连接，成为主体建筑结构的分支，从力学角度来说极大地提高了外观建筑设计的安全性与牢固性；其次，这种结构形式对于在外观设计中运用黎族装饰元素给予了充分的结构支点，使得经过转化的黎族图形在加工为具有立体感和较为坚实的体积感后依然拥有坚固的承重支点；另外，在整体的建筑外观设计上，黎族传统装饰符号拥有众多大体量、高跨度的原始图形，这些图形经过合理的立体设计转化后，对于建筑外观的结构设计较之以往提出了更高的要求。因此，对黎族风格的运用要充分将民族图形的立体化处理与建筑的结构功能性相结合，绝不能单一地考虑问题，最合理的办法是在设计初期分别解决黎族装饰图形的立体化设计转换，这个环节要注重立体化后期可能出现的结构过度繁复的问题以及建筑外观结构设计的功能性问题，这个环节要注重不要将功能性的处理过度集中于某一个点或面，要为与外观装饰造型的结合预留空间。解决了上述两个问题后就是最后合理结合的问题，在这个设计阶段中，首要的是将建筑外观中的功能性问题放在首位，在功能处理得到合理放置后，依据结构点的延伸将外观设计中的立体民族装饰结构进行搭配，在以结构衔接为切入点的同时，兼顾对装饰造型体量的增减，就可以较为直观地得出合理融入黎族地域风格的建筑外观设计了。

图 6-19—图 6-25 所示是一套别墅的平面布局图与立面结构尺寸图，在这一案例中，甲方要求依据建筑设计院所完成的原始的建筑结构进行从外到内的再设计，目的是使海南黎族装饰元素在建筑的内外空间中得到最大化的应用。从室内布局角度看，设计前期主要立足体现室内空间功能的合理性，而从别墅立面来看，则不难发现借助外观结构的特点可以进行较多风格化造型的应用，且别墅结构中具备较多的户外空间与坡屋顶结构，这些都是可以形成较好空间感的必备载体。尤其难得的是别墅建于山体坡地环境中，即使进行必要的平整，也会保留适度的坡度与起伏，那么建筑结构中一层挑空的设计将会加大别墅外观的视觉立体效应，使本来 2 层的建筑在进行外观设计后能够呈现出更多的体量特征，并且帮助民族化的元素在大尺度结构中得以更加合理的应用。通过屋顶平面图得出的较为宽敞与整体的空间，也将为后期设计提供十分有利的尺寸面积，使得环境元素较为丰富的应用在屋顶设计中成为可能。

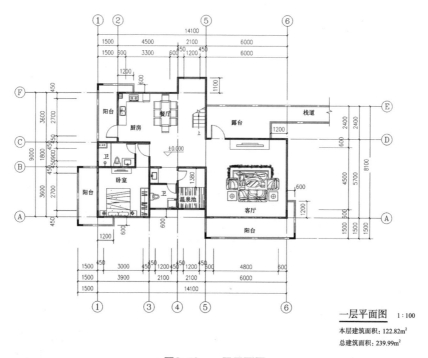

一层平面图　1:100

本层建筑面积：122.82m²
总建筑面积：239.99m²

图6-19　一层平面图

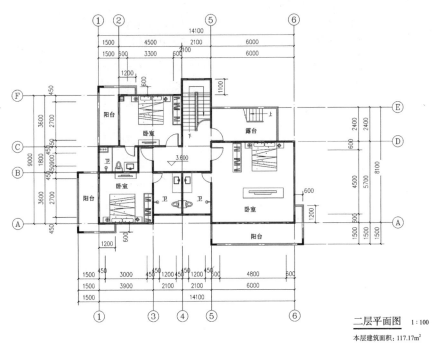

二层平面图 1:100

本层建筑面积: 117.17m²

图6-20 二层平面图

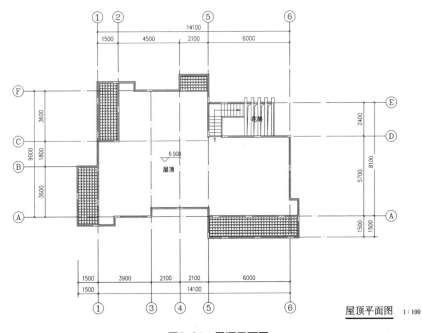

屋顶平面图 1:100

图6-21 屋顶平面图

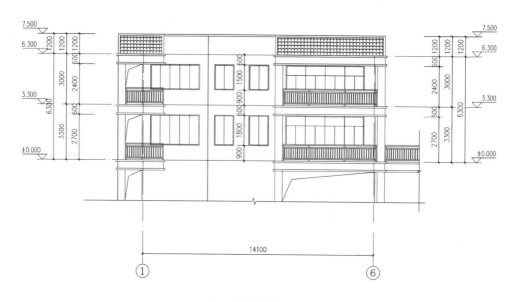

①—⑥轴立面图　　1:100

图6-22　①—⑥轴立面图

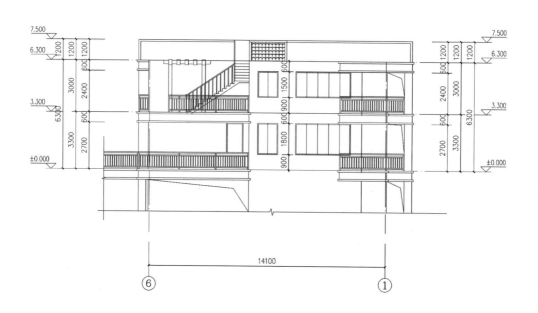

⑥—①轴立面图　　1:100

图6-23　⑥—①轴立面图

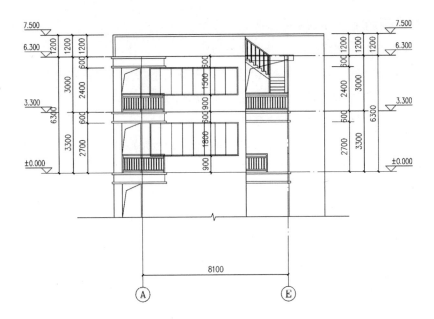

Ⓐ—Ⓔ轴立面图 1:100

图6-24 Ⓐ—Ⓔ轴立面图

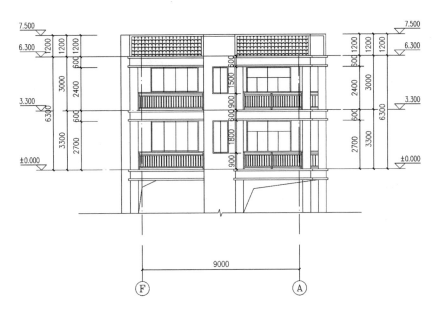

Ⓕ—Ⓐ轴立面图 1:100

图6-25 Ⓕ—Ⓐ轴立面图

（3）黎族元素应用的主要方法

①黎族元素在建筑入口外观设计中的应用

南海岛屿气候多变（多雨、强烈日光等），独立的建筑入口需要高度的实用性，即宽大的遮挡覆盖面，这一点恰好与黎族屋顶的设计形式吻合（图 6-26）。传统黎族民居的屋顶轮廓弧度较大，基本对建筑截面进行了覆盖，且主要手法为茅草的多层叠加式覆盖，从中可以抽象出建筑外观设计线条的重复特征，而现代建筑材料又会使造型更加坚固。同时，黎族对于茅草逐层加固的建造方式带来了关于层叠的细节感，使之非常适合南海岛屿建筑入口的结构与功能需求。因此，从建筑外观顶部入手可以成为黎族元素在建筑外观设计应用中的首要方法。如图 6-27 所示，笔者即借用黎族传统民居元素，设计出独立式建筑入口的外观方案。

建筑的顶部造型成为体现黎族地域文化的着力点，大纵深、多层级、重叠式的手法使得顶部造型在满足南海岛屿建筑功能需要的同时，成为黎族装饰元素应用的载体。黎族屋顶茅草的运用不仅为装饰而生，更实现了雨水的合理排流。图 6-27 中的黎族屋顶造型运用了不同层次与不同进深尺寸，即使南海岛屿降雨量骤升，也不至于在短时间内对建筑屋顶形成巨大的冲击，这正得益于多层级的黎族装饰元素应用。图 6-28 中设计方案中的建筑顶部造型，也是黎族装饰元素多层级手法的具体表现。另外，这种应用形式与建筑外部环境自然契合。南海岛屿自然环境中的植被覆盖率因地形的不同而有一定的区别。岛的基质为多盐环境，植被为极端的盐生类型。在植被覆盖率高的岛屿中最常见的为椰子、番木瓜、菠萝蜜、剑麻、香蕉和绿化树种木麻黄等。这些树木因种类差异和自然生长的高度不同形成了不同落差的树冠面域，而多层级的建筑顶部造型与植物自然层级变化可以形成既统一又与之呼应的落差形式。同时，在植被覆盖率低的岛屿中，树木虽相对稀疏，但地貌的特征更加明显。在这种环境中应用多层级的建筑顶部造型方式，也可与多变的地表特征相互呼应，自成一体。

从建筑形式的延续性角度看，南海岛屿建筑外观设计表现手法对建筑室内结构影响显著。多层级的造型元素同样可以应用在入口至室内空间中的过渡区域。尤其对公共建筑空间来说，建筑室内顶部的不同落差可以对区域的划分与空间的功能带来直接的帮助，例如贝聿铭设计的苏州博物馆，其室内空间多层级的结构变化给受众带来了不同的视觉感知。因此，黎族传统民族元素中的多层级表现手法从建筑顶部的应用可延续至室内空间设计，形成建筑室内外表现形式的一致性。

图6-26 黎族民居

图6-27 黎族风格建筑顶部设计

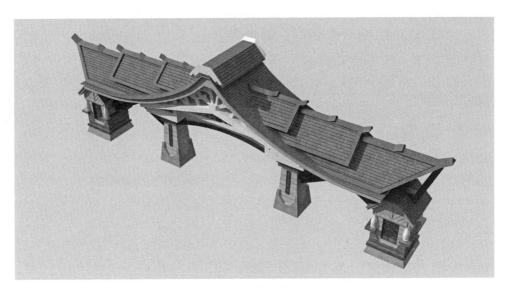

图6-28 黎族风格大门

②黎族民居元素在建筑立面外观设计中的应用

黎族传统民居元素的显著特征也体现在整体造型与细部特征上。黎族传统民居类似一艘倒扣的船（图6-29）。这种船形元素可以起到极佳的装饰效果（图6-30）。黎族传统民族元素中的船形轮廓不仅体现在顶部形式上，对立面造型同样适用。从功能上看，立面中的阳台设计进深尺寸较大，在为多雨气候考虑的同时，也与船身的形式感类似，并且对建筑室内的造型有相当大的影响。

比如可以将外立面中应用的船形阳台形式延长进入室内空间，形成室内窗棂的独特造型形式。再如，黎族传统民居中有时会出现的建筑侧面支撑柱，多以倾斜45°角的形式对副梁或立面墙体进行支撑。将其转化应用在岛屿新建筑中时，能对屋顶延长面或造型起到实际的支撑作用，还能使黎族传统船形元素在岛屿建筑中得以延续，而柱式亦可在建筑室内以多种装饰样式存在。在岛屿建筑立面造型尺寸比例划分中，无论是顶部的装饰小造型，还是每个阳台顶部的装饰造型，尺寸比例均借鉴于传统的黎族民居。南海岛屿建筑与黎族民居建筑的特征极为相似，即宽覆盖、高举架、大进深。因此，将传统民居外观的尺寸比例应用到建筑外观装饰结构中，能够在体现功能性的同时，加强建筑的整体性。

图6-29　黎族船型屋

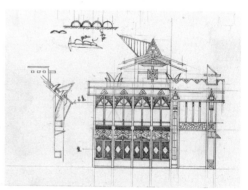

图6-30　船型屋装饰应用

③黎族元素在桥体造型设计中的应用

如图 6-31—图 6-35 所示，是项目环境中不同地势间的连接桥，桥体主体为钢筋水泥，外观为体现地域性选择石材进行装饰，并在结构轮廓边缘用木材交接，使材质间的对比性、风格性增强。桥面造型结构与前面的回廊设计有着较大的相似性，均以结构造型为主，不进行封闭考虑。不同之处在于，桥的形式感需要加强，因两侧入口的立面装饰结构设计得更加开阔，有利于传递鲜明的黎族建筑装饰风格图形元素。

如图 6-36 和图 6-37 所示，桥面灯光配以景观灯，其结构与桥本身的结构造型极为相似，风格极易达成统一。立面的复杂民族装饰图案则会更加强烈地传递地域特征。桥基的两侧开口，目的是为了分流，缓解水情严重时过水量所带来的压力问题。

图6-31 黎族元素在桥体造型中的应用（一）

图6-32 黎族元素在桥体造型中的应用（二）

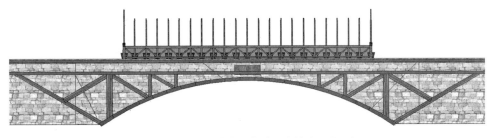

图6-33 黎族元素在桥体造型中的应用（三）

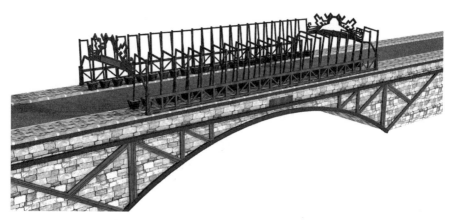

图6-34　黎族元素在桥体造型中的应用（四）

图6-35　黎族元素在桥体造型中的应用（五）

图6-36　桥面景观灯设计

图6-37　民族装饰图案应用

④黎族元素在校门设计中的应用

如图 6-38—图 6-42 所示，是一组为海南师范大学桂林洋大学城新校区校门而做的设计投标方案，整体设计风格选择了海南地域黎族建筑装饰风格与东南亚风格相结合的造型手法。人字形的主体支撑设计形成了最大跨度的支撑与范围界定，左右两侧的层叠落差造型在体现船型屋元素的同时；也起到了使视觉逐层降差的合理效果。

图6-38 海南师范大学桂林洋大学城新校区校门（一）

图6-39 海南师范大学桂林洋大学城新校区校门（二）

图6-40 海南师范大学桂林洋大学城新校区校门（三）

图6-41 海南师范大学桂林洋大学城新校区校门（四）

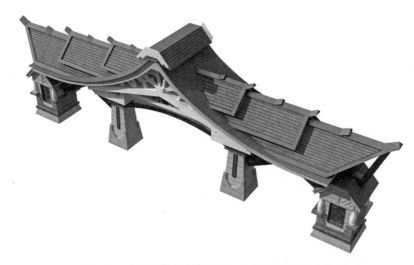

图6-42 海南师范大学桂林洋大学城新校区校门（五）

⑤黎族装饰元素的应用

黎族传统生活中对于装饰文化的追求体现在诸多方面，其中传统装饰在黎锦编织中的应用给予笔者许多启发（图6-43）。结构鲜明、造型夸张的民族装饰元素具有典型的黎族传统文化特征，简洁的线条更易于转化到建筑中去，形成建筑外观设计的独特语言。出于抗风性考虑，建筑体量较小的独体结构多适于采用非封闭的处理手法，因此在这种有序排列中带有明显的结构序列化特点，首尾进行区别化设计，适于体现建筑民族特征，如设计方案中应用的黎族装饰元素，即脱胎于黎族传统民居中常见的黎锦装饰符号，复杂的图形转化为私密性较高的窗体结构，简洁的图形应用在跨度较大的楼体外观造型衔接处。黎族装饰符号大多造型简洁，线条硬朗，应用在结构造型中时不仅易于识别，而且可以成为力学上绝佳的承重构件。

图6-43 黎族装饰元素的应用

⑥黎族传统建筑材料的应用

由于黎族人民世代居住在南海岛屿上，因此黎族传统民居所使用的建筑材料对南海岛屿建筑有良好的适用性。如屋顶茅草材质，具有易干燥、易采集、易加工的特点。茅草的层叠形式不仅能最大限度地防风雨，还能保持室内温度的相对恒定（图6-44）。为了达到这一目的，在茅草加工过程中需要进行细致的筛选，选择粗细宽窄近似的材料，并采用分段加固的方式进行衔接。对南海岛屿建筑而言，材料的耐久性同样重要。为了使茅草屋顶具有足够的支撑力并且不易腐蚀，新建的南海岛屿建筑对竹子的使用更加合理。海南竹子类器物的使用在中国美术史上占有独特地位，黎族先民在日常生活中使用竹子非常普遍，因此将茅草与竹子两种材料搭配使用，不仅是黎族传统民居中的主要材料，而且符合南海岛屿建筑外观设计对材料的需要，在外观、质感、色彩上均与自然环境相融合。

图6-44 黎族传统建筑材料的应用

南海岛屿建筑装饰风格应植根于南海常住民族，越是具有自身民族装饰特征的建筑装饰风格，越能够代表这一地域的文化。从方法上，需要对南海岛屿居民的民族装饰特征进行设计分析。南海岛屿的主要少数民族为黎族，其传统民居建筑元素具有鲜明的黎族文化内涵。黎族传统民居作为少数民族的建筑文化遗产，不应仅以保护独体古迹为唯一途径，而应将其显著的造型符号元素应用到所在地域的建筑设计中。对这种媒介进行有形的传播，可以凸显南海岛屿建筑外观设计的地域性特征，丰富黎族传统民族元素应用领域，扩大少数民族民居建筑风格的应用范围。

⑦黎族建筑装饰风格别墅的设计应用

第一套别墅

如图6-45所示，是根据上述原始建筑图纸设计的外观设计效果图，整体设计理念为在借助外观结构基础上展示黎族建筑装饰元素，建筑回廊与室外扶手造型均运用了黎族传统装饰纹样，在此基础上进行了更具设计感的变形处理，使之更加具备应用美观性。建筑屋檐的挑高处理则以黎族船型屋建筑外观作为设计构思，传统的坡屋顶与立面墙体结合得严丝合缝，但缺乏透气性，而将其上升后再用结构与之相连，则会显示出结构的美观、造型的特色，同时不同层次的挑高船沿的层叠也强调了独特的设计理念。

图6-45 黎族建筑装饰风格别墅的设计应用

如图 6-46 和图 6-47 所示，阳台窗口两侧选择民族纹样作为装饰主体，目的是为了与宽大的空间开口形成简繁对比的造型关系；从这个角度来看，屋顶挑高的船形造型与下行的坡屋顶正好形成了线条趋势的对比关系，给仰视的视角带来与众不同的观赏性效果；主入口的处理则较为简单，基本原理均是将黎族传统民族装饰图样经过设计处理后的融合应用。

在其他立面墙体装饰的设计处理上，对不同窗口与尺度也做了不同的材质、造型应用，如与主入口一侧的竹子的运用，内凹的建筑结构虽然带来了较好的空间转折关系，但是对于非主立面的效果而言，有些时候是不能仅仅追求大转折的，并且这个位置所对应的室内空间是卫生间与浴室，更加给予了竹木材料最佳的应用理由，会使得居住者从内即可感知建筑与环境的交融，同时体现了适度的私密性。

如图 6-48—图 6-50 所示，不同方向正立面的角度会帮助设计者更好地了解所设计的结构性关系，虽然这类角度不能体现转折中蕴含的空间层次变化，但是能够非常直观地将原有建筑结构与后期装饰造型鲜明地体现出来，并且在尺寸表现力最准确的视角下审视设计造型的比例与线条结构，是难得的自我查证的设计过程。

图6-46 黎族建筑装饰风格别墅的设计应用　　图6-47 黎族建筑装饰风格别墅的设计应用

图6-48 别墅立面图　　　　　　　　图6-49 别墅立面图

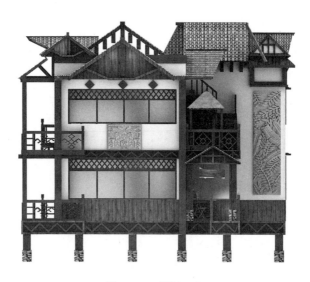

图6-50 别墅立面图

如图 6-51—图 6-53 所示，是别墅的屋顶空间设计效果方案，这个环节中将造景观念融入其中，适度借鉴了日式园林中的配景方式，大体方向上沿袭了东南亚园林设计中的元素，将木材、水体、景观、植物、景观灯等诸多元素相互叠加，营造出休闲、亲近自然的环境氛围。内墙的适度留白则是对苏州园林建筑中色彩的借鉴，并且当年参观苏州博物馆的印象也对这一方案产生了重要的影响。

图6-51 别墅的屋顶空间设计

图6-52 别墅的屋顶空间设计

图6-53　别墅的屋顶空间设计

如图 6-54—图 6-58 所示，是整套别墅方案的立面图，与之前的建筑结构立面图相比较，黎族建筑装饰风格的造型所带来的变化非常突出，相对前面建筑单纯的结构线条而言，此图装饰结构造型的丰富性、层次感与空间关系更加完善，风格则立竿见影。

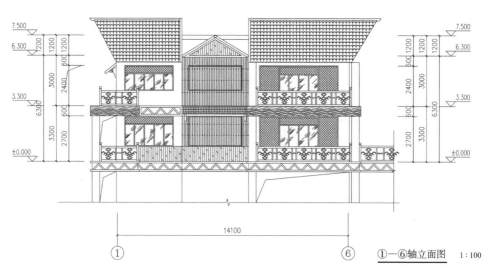

图6-54　①—⑥轴立面图

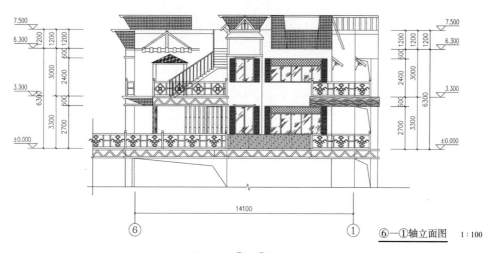

图6-55 ⑥—①轴立面图

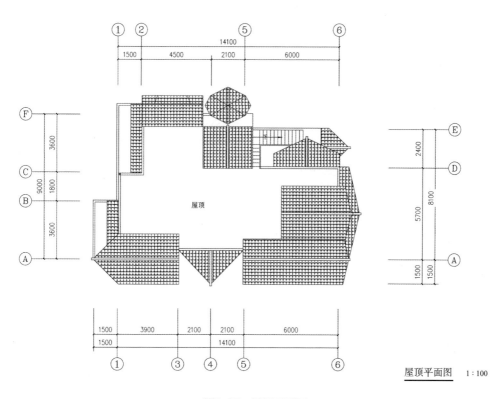

图6-56 屋顶平面图

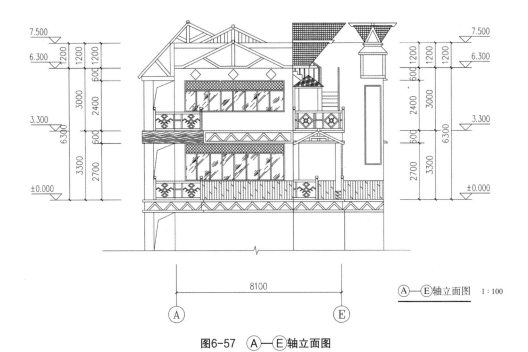

图6-57 Ⓐ—Ⓔ轴立面图

图6-58 Ⓕ—Ⓐ轴立面图

如图 6-59—图 6-61 所示，是别墅室内空间几个不同环境的设计效果方案，在客厅的设计中，将更多的黎族装饰元素运用在电视背景墙的处理中，因为纹样自身的复杂性，因此没有将造型的厚度感过于突出，目的是尽量使风格造型与墙体的结合更加自然。吊顶的元素则来源于黎族民居的建筑结构，即树枝结构的搭建方式，目的是为了体现黎族传统元素的结构性；在走廊的过渡空间中则更多运用了繁简对比的手法，在简洁的墙面与复杂的装饰造型对比中产生了浓烈的环境氛围感；卧室的设计则将功能性作为首要考量的要素，宽大的室内环境是设计之初追求的重点，整体在简洁中透过屏风隔墙的复杂结构体现环境的和谐，材料的选用则更多顾及与环境的融合。

图6-59 别墅室内空间

图6-60 别墅室内空间

图6-61 别墅室内空间

第二套别墅

如图 6-62 和图 6-63 所示，这两张设计图纸为第二套别墅的外观设计，整体设计构思延续了黎族建筑装饰风格元素的运用。这套方案更加注重设计的整体性，尤其在对黎族建筑装饰风格元素的传达上，借助了别墅建筑的立面墙体，将一层、二层进行了造型的衔接，在装饰造型体量扩大的同时，也提升了民族装饰元素造型的面积，使黎族建筑装饰风格元素的视觉传达效果愈加突出；为了使屋顶装饰造型的整体感更加统一，选择了简洁的设计手法处理顶部结构。户外环境中的扶手等局部细节则仍将黎族民族元素进行了功能化基础上的应用。

图6-62　别墅效果图

图6-63　别墅效果图

　　别墅建筑的侧面整体感较之前方案更加统一，并且适当融入了传统中式的一些造型元素，使得装饰感更加古朴。立面局部石材的运用则是为了使建筑更好地与室外自然相融合；而个别窗口与装饰造型的连接则体现了设计中的灵动感，目的是在传统设计风格中寻求新的变化，增加美观性、趣味性、灵活性。

　　第三套别墅

　　如图6-64和图6-65所示，第三套别墅外观建筑装饰设计方案与第一套设计方案有异曲同工之处，但在屋顶装饰结构造型处理方法上更加简洁，在保留船型屋船身造型感的同时，极大地简化了细节的处理。立面墙体上木材几何直线线条装饰结构的处理则调和了宽大墙面的比例；竹子在立面的应用符合黎族传统建筑装饰元素的运用风格，窗口的形式则借鉴了传统的中式民族造型。建筑侧面考虑将窗口的面积做了较大比例的提升，旨在提高室内的采光效果。

　　第四套别墅

　　如图6-66和图6-67所示，第四套别墅外观建筑装饰设计方案集中了前三套设计方案中所出现过的装饰手法，整体感更加细腻。区别之处在于屋顶结构装饰造型的体量感更加轻巧，线条的运用更加灵活，动感较强，更加依托局部细节体现民族装饰感。石材材质的单块规格降低，整体性增强，增加的底部石材使得延续性与材质的统一感更加明显。庭院中的木质造型风格与别墅建筑整体相协调，与主入口结构造型风格相呼应，也成为别墅建筑中重要的融合对象。

图6-64　别墅效果图

图6-65　别墅效果图

图6-66　别墅效果图

图6-67　别墅效果图

第五套别墅

如图 6-68 和图 6-69 所示，第五套别墅外观建筑装饰设计方案的民族气息更加浓郁，屋顶的挑檐细节将风格化元素体现得淋漓尽致。入口主立面墙体上依旧选择整体处理，即将黎族传统建筑装饰风格元素进行造型运用，使之成为立体化强的装饰主体，并且运用了对比手法，宽简的木材造型与较为复杂的长条状民族装饰元素木线条相搭配，使两者得以有机结合；侧立面墙上沿用户外石材的同时，将窗口进行了较大的调整，而且在户外柱子的装饰上也应用了黎族的传统建筑装饰元素，使得不同侧面的民族风格均得以不同程度的彰显。

图6-68 别墅效果图

图6-69 别墅效果图

第六套别墅

如图 6-70 和图 6-71 所示，第六套别墅外观建筑装饰设计方案的屋顶装饰造型相较前几套设计进行了更为大胆的变化，主立面墙体的装饰造型沿用了之前的设计，而扶手造型则将原有较为饱满的立体结构装饰作了居中紧凑的造型处理，使得黎族装饰元素更加鲜明，这种整体的变化是在主方向保持统一的基础上，于局部造型上寻找变化的点，在细致观察的基础上挖掘变化应用空间，并且也不能使每套设计造型的差异化过大，需要照顾到整个项目规划风格的统一。在主入口回廊的处理上，更应充分结合户外绿植，高度与体积结构均应与植被的生长周期相对应，保持建筑结构造型与植物间的适度比例关系。

图6-70　别墅效果图

图6-71　别墅效果图

第七套别墅

如图 6-72 和图 6-73 所示，第七套别墅外观建筑装饰设计方案相对而言较为保守，但在局部中依然着力寻求变化，屋顶结构的简化处理与扶手立面装饰造型的复杂结构形成了鲜明的对比。作为设计师，对黎族建筑装饰元素的运用也应考虑到整体建筑的线条感与装饰局部的风格化之同的融合，所谓协调性不仅存在于局部与局部之间，也立足于整体与局部之间，越是民族化风格的应用，越需要在整体感与细节中寻找平衡点，因为在平面化的装饰图形转化为立体结构之后，必然带来局部复杂性的提升，这个时候就需要设计师将精力放回到建筑整体的结构线条去思考。

图6-72 别墅效果图

图6-73 别墅效果图

第八套别墅

如图 6-74 和图 6-75 所示，第八套别墅外观建筑装饰设计方案则依附建筑外墙基础，在其结构上进行了利用，更多木材柱体的运用提升了建筑结构的层次感，使黎族建筑装饰材料质感更加回归原始性，也有助于户外扶手等木制材料造型在风格化的同时更好地与主体结构相结合，融合得非常自然。在屋顶结构上也作了较大的调整，在淡化装饰性的同时，为建筑主体结构的丰富带来了充足的视角。不同粗细的柱体尺寸、简洁的主墙面柱状木制装饰结构、侧立面的排列组合等，均传递出古朴的黎族传统建筑装饰风格，并且在较少利用民族元素的情况下，更依靠对主结构的利用来体现设计主题。

图6-74　别墅效果图

图6-75　别墅效果图

在黎族建筑装饰风格应用研究的过程中，建筑主体的内外设计中存在着黎族元素的整合运用，包括建筑主体以外的规划环境，即建筑外部环境、环境设施小品设计、环境功能设施设计等。

如图 6-76 所示，是户外环境景观灯具设计，左边灯具沿袭东南亚建筑风格，以石材与木材为主要材料；右侧灯具则体现了更多海南地域元素特征。

图6-76 户外环境景观灯具

如图 6-77 所示，是户外围栏隔断、垃圾桶与扶手设计，整体木质材料的选择使造型与环境自然结合，围栏隔断与扶手立面造型内的装饰元素均来源于黎族传统的民族建筑装饰图形，在经过设计应用转化处理后，使之更加适合立体化的运用，形成了独特的三维符号效果，并在四方连续形式的结构中连续运用，大大加深了其民族元素立体化的视觉传达效果。垃圾桶各立面中的装饰元素也同样来自黎族传统图形，体现了徽章的运用。

图6-77 户外围栏隔断、垃圾桶与扶手

如图 6-78 所示，是户外长条椅的设计方案，造型较为简洁，两侧石材的运用符合力学要求，雕刻的纹样则体现了民族元素的抽象结合。中心木制座椅的板式形式在突显简洁的同时，与左右石基自然结合，整个长椅浑然一体。

图6-78　户外长条椅

如图 6-79 所示，包含了行路景观灯与环境告示栏设计方案，左侧的行路景观灯的灯柱分为三个部分，这样的分割与细节上的处理可以淡化细高的支撑结构，顶部的灯头部分则符合传统民族装饰手法的惯例；右侧的环境告示栏具有鲜明的黎族建筑装饰风格符号元素，造型结构上将黎族的原始风格与手法进行了运用，装饰面上则以适度的比例添加了典型的黎族装饰元素图形，同时顶部的架构也起到了防雨的功能。

图6-79　行路景观灯与环境告示栏

如图 6-80 所示，是建筑环境间的回廊设计方案，考虑到海南地域特点与客观环境情况，地面材料选择石材，顶部结构以木为主，之所以只进行结构性的设计，原因在于海南一年多为常绿，完全可以利用绿植的攀爬形成纯天然的绿色屏障，因此仅仅完成结构性构架即可。石柱上的黎族纹样与顶部立面的装饰结构均可成为指示性标识处理，使功能性与装饰性相结合。

图6-80　回廊

如图 6-81 所示，是对小广场进行的设计构思，整体设计上力求将黎族建筑装饰风格元素进行充分利用，广场造型中将水体元素与使用功能、装饰元素造型铺装相结合，地面材质四角选用防腐木，形成独特的地面木制效果。每边中心点选用石材材质进行收边，装饰元素既可选择中式传统的四神纹，也可选择黎族建筑装饰风格元素图样，广场中心则以水体元素作为配合，居中竖立景观台放置小型雕塑作品。主背景的造型更具黎族船型屋特征，探出的三角木制结构借鉴船形，背景中的立体结构造型则是从黎族传统民族装饰元素中选取的纹样，经变形处理后制作而成。广场四周均设有出水孔，能够增强水元素的流动性，提升观赏性。

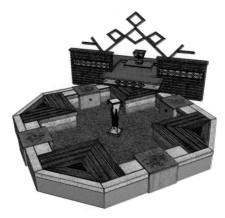

图6-81　小广场

如图 6-82 和图 6-83 所示，是项目室外环境中作为小型观赏景观小品设计的造型，整体结构灵感从酒桶中得来；好处是可塑性强，结构线条具备单体的简洁美，并且在局部进行"破坏"式变形时，仍可以得到"残缺"美的造型效果。酒桶开口后内置的逐层递减的容器作为水系统循环的主要结构造型，使得容器的民族造型美与容器表面的民族纹饰成为鲜明的地域性特色元素。桶装造型的腰部、底部等不同局部位置所设计的装饰性元素均取材于黎族传统装饰图案，这些诸多元素的叠加运用，使得桶装装置设计浑然一体，传递出强烈的地域性装饰风格。

图6-82　酒桶景观小品　　　　　　图6-83　酒桶景观小品

如图 6-84 和图 6-85 所示，是扶手简洁造型的设计与"水井"景观小品的方案。扶手造型民族抽象或具象的图形元素进行了简化，形成主要以实用为主的质朴结构美感，虽然没有直观体现所对应的黎族装饰元素图案，简洁美本身也同样符合黎族传统的自然美图形运用。"水井"景观小品则以主要体现黎族建筑装饰风格特点为目的，深褐色的石材外框结构与海南地域特色鲜明的火山石有着一定的相似性，井四面为经过处理的黎族传统装饰图案，较大的图形面积则是为了更强烈地传达出民族图案的形式美。竹子结构的给水设施除了能够最大化地贴近自然外，还可以与井的民族元素相搭配，无论是色彩还是比例、结构，均能形成高度契合的统一体。

图6-84 水井景观小品

图6-85 扶手

2. 黎族传统民居元素——在海南会展设计中的应用

海南作为我国南方一个拥有丰富热带地域环境资源的沿海省份，动植物种类十分丰富，黎族自古在这片富饶的土地上生活，是海南岛最早的原住民。黎族有其独特的民族文化，船型屋、黎锦是黎族文化产物的历史见证。随着海南国际旅游岛建设与海南自由贸易港的建设，由船型屋、黎锦等文化遗产所凝练的黎族装饰风格已成为反映海南文化的符号，由此能够折射海南人民生活的历史发展进程，还能从中了解黎族人民在服饰、饮食、房屋建筑、出行工具与其他民族的差异性，展现其独特的民族魅力。对海南的民族文化进行转译，将会引起社会各方对海南优秀文化遗产保护与开发的重视力度，拓展激活海南会展设计行业的设计活力，提升海南会展设计从业者的专业水平，从长远角度来看，对海南会展行业设计领域有着十分重要的积极意义。

海南黎族纹样不仅是一种令人惊叹的凝结黎族劳动人民智慧结晶的装饰元素，更是黎族文化的一张名片，是一个民族维系思想、情感交流的重要途径，而黎族虽然没有传统意义上的"文字"诞生，但其独特的黎族装饰元素已经演化成一种符号象征，这种积淀了近千年的黎族文化符号传承下来的意义已经不亚于传统概念上的"文字"了。这种符号元素是黎族人民从生产活动到文化活动中提炼出的具有极高抽象性，同时又需要配合底纹传递其独有地域特征的民族文化表现形态，具备了展示的独特性。

不同民族的形象符号都是凝结着那个民族本身的特有的主体特征，凝结了该民族的物质文化和精神文化双重元素。海南地域中的黎族元素便是对海南黎族人民日常生活的描绘、对黎族人民历史传说典故的传颂以及最具有代表性的民族原始崇拜等。在黎族的古代传说中，甘工鸟象征着黎族人民对美好爱情以及自由的热切向往，黎族人民将具象实体的动物形象抽象成为具有动感流畅的曲线图案，将追求符号化、元素化；再比如，黎族特有的母体图案以及字体图案组成的纹样十分具有民族特色，这种纹样便是象征了黎族祖先崇拜的母体符号；而在男性追求方面，黎族人民最喜欢用大力神的符号表达一种原始的对力量的追求与崇拜。这些看似抽象的纹样背后，都是黎族人民智慧的结晶，他们用简洁的艺术表现手法、灵活多变的线条、活灵活现的图腾动物表达自己民族精神上的诉求与追求，寓意性强又生动活泼，更加反映出黎族文化的精髓。

（1）从海南地域元素角度看黎族建筑装饰风格

海南位于中国最南部，似一颗海上明珠。海南属于热带季风气候，终年高温，降水时节集中，整体湿度高。在这样的地理环境与气候特征中，智慧的黎族人民充分利用大自然的赐予，适应独特的地理风貌，打造出具有黎族特色的民居建筑。充分利用空间、适当与地面隔绝、防止潮气入侵的干栏式房屋建筑，"编竹苫茅为两重，上以自处，下居鸡豚，谓之麻栏"。[1] 是具有南方少数民族共同特点的建筑形式，在东南亚一带也十分盛行。与这种较大范围的建筑形式相比，海南黎族人民还建造了更具有民族特色的一种建筑形式——船型屋。这种具有自身独特外观的建筑形式，流行于海南黎族聚居区，是黎族人民为了纪念自己勇敢渡海而来的先祖而造。不论是从用就地取材的茅草作为建筑材料，还是有利于防潮、防雨、抗台风的架空结构，船型屋都充分体现了黎族人民的智慧与勤劳。也正是因为易于就地取材、结构简单易于搭建的优势，具有浓郁海滨热带建筑特征的船型屋样式才得以世代流传下来。

①海南黎族建筑装饰风格元素对会展设计领域的影响

在当今信息发达、知识爆炸的时代，欲立于优势地位，不论什么行业都要具有创新精神，尤其是像具有文化特性的设计行业、会展行业更是如此。就目前境况而言，海南当地的会展公司多数还处于对外学习状态，对内探索的自觉性尚有不足，但海南本身的民族风格十分具有识别度与特色，会展设计企业可以创新出具有自己优势与特色的设计。当今社会信息发达，所有的行业都在朝着国际化发展，所有的信息也都趋于共享状态，所以当海南本地会展设计一味向统一的国际

---

[1] 周去非.岭外代答 [M].宋.

化路线靠拢时，也就意味着与国际上的大部分都"雷同"。然而即便如此，海南由于其如"孤悬海外"之明珠，所以在信息接收渠道、文化传播等方面与内陆相比依旧欠佳。面对这种情况，海南本土会展设计公司若想要在竞争中更有优势，能够直接从直客手中直接拿到会展订单，就要考虑创新出具有自我特色的发展道路，而在外界都趋于国际大同化的设计路线时，海南本土会展可以抓住属于自身优势的特色进行创造，海南并不缺乏独具特色的地域元素、文化元素，应当充分挖掘和创新，打造具有海南特色的会展设计。也只有做到了将海南地域元素进行设计再加工，发挥其造型、寓意、风格、色彩、结构、材质等诸多方面的独特魅力，才能逐渐形成海南本土会展设计领域中的全新风格，最大限度地开启海南地域元素的潜在价值。

海南黎族的装饰性元素多以二维平面形式出现。这一独特的地域性元素涵盖了人文精神、自然环境等独特的海南元素，借鉴这些元素共同组成海南特有的民族符号与形象，达到从内容到形式上的共同创新，运用民族的、传统的元素表达彰显设计符号，在展示过程中进行艺术的再加工，让传统元素的设计内容与当代科技手段、当代展示技术相结合，形成前所未有的展现效果。在海南某汽车展览会中，就运用了独特的灯光技术，让平面二维的传统图形有了新的欣赏方式。在张艺谋海南印象场馆的设计中也处处体现着海南地域特色元素，设计师将海洋生物形态演变创新后与室内连接，借海景造台，十分新颖与美观，在舞台设计中将红色娘子军、黎族传统纹样、海洋生物等具有海南特色的元素与动感的舞台设计相融合，幻化出人与自然的完美结合，让海南元素在会展舞台设计中散发出独特魅力。

会展行业属于服务性行业，故而在进行设计服务时应当结合客户自身需求进行创作，客户满意度应当是衡量会展设计的重要标准。在具有独特地域性的海南，其地理位置特殊，文化特征独有，所以海南会展设计应当注意将客户的质性需求与地域文化元素相结合，进行企业性质的风格变化。将设计符号的兼容性最大化，在不破坏文化形态与人文精神的情况下与企业特征相结合，发挥出符号的鲜明表达特性，同时也要充分体现出企业需要表达的信息，让会展设计既有实质内容上的针对性，更有设计形式上的创新性。既充分体现企业信息的诉求，又让地域元素作为一种标志传递信息。

②海南黎族建筑装饰元素在会展设计领域应用的五个方面

黎族船型屋屋顶造型的运用

具有就地取材实用特性的黎族船型屋是海南地域文化中鲜明的建筑代表、文化代表。这种特有的民族符号可以成为传统会展舞台造型很好的借鉴对象。就拿舞台灯光设计来说，灯光是舞台效果的重要组成部分，它如影随形、若有似无地影响着人们的感官体验，好的舞台灯光是有隐喻性的，这就需要在舞台设计时进行有效的遮蔽处理。倒覆的船型屋便可以很好地帮助灯光架等结构进行隐藏，船型屋本身是用茅草等材质工艺营造而成的，舞台上借助这种材料不仅可以进行自然遮挡，更是增添了浓郁的地域风格；很多户外会展或是户外演出活动中，几乎都千篇一律地使用了专用帐篷的极简造型，如果我们借用黎族船型屋的特点进行改造，将帐篷原有顶部进行一种拱坡形结构的改造，并以茅草铺之，以木质边框撑之，并有选择性地用稻草泥进行表面肌理的装饰，那么这样的户外会展将会更具有自然特色、民族特色、海南特色。

黎族民居中墙体效果的运用

在建筑风格中，墙体肌理也是组成某一建筑风格的特征之一，黎族民居由于独特材质，使得其墙体肌理具有独特质朴、原始纯净的效果，并且借助这种处理方式还可以解决舞台设计的质感问题，大大提升墙体的艺术表现性，再辅以不同的光影渲染，让墙体肌理特征突出放大，展现其独特的材质魅力。在黎族建筑中，金字屋的造型特点亦可运用到舞台主背景的造型中，独具民族特色的装饰特征、木材的厚重质感与体量感相配合，形成独特的舞台魅力与视觉冲击效果。

黎族谷仓造型的运用

黎族谷仓以葵叶为材料组成的独特结构造型，体现了立足独特民族审美特征，同时结实的建筑材料也让谷仓兼具了实用性与环保性。在会展活动中，无论是用于备用物品存放的地方，还是用于参会人员活动的空间造型，都可以参考和引用这种材质、造型等进行塑造，营造出饱满的视觉效果与极强的韵律感。黎族谷仓也属于干栏式建筑，这种建筑主体与地面分离的特征也十分适合运用到搭建居住或游戏帐篷的设计中，谷仓的结构特点与材料质感都为会展设计提供了很好的借鉴元素。

干栏式造型的运用

干栏式建筑也是黎族人民居住的特色建筑之一，对会展和展览中舞台的整体设计具有很高的参考价值。传统的会展舞台对风格细节的要求趋于大同，但当今会展设计的发展趋势则是对风格与细节的更高要求。因此，将干栏结构运用到舞台设计中，将使整个会展舞台彰显一层民族韵味的光辉，更具有地域特色，同时也将会展空间充分利用起来，提升整体效果。干栏式结构的运用也更能让以往二维平面的舞台背景变成三维立体的效果，增加空间的韵律感。

鸟类造型的运用

具有海南地域文化特色的鸟类造型——甘工鸟造型，以其独特的寓意和鲜明的地域性特征逐渐融入各种设计中。甘工鸟造型尤其适合作为会展活动的地域性代表符号融入设计中，因此，甘工鸟造型越来越多地成为符号化设计贯穿会展活动的始终，成为会展舞台整体造型的主题元素，运用到会展活动的各个方面，为会展带来独特的民族风情与文化效果。此类具有显性地域特征的元素甚至在具体的、特殊的道具或者具有支撑作用的龙骨上都可以打上类似于 LOGO 的元素，形成别具特色的视觉传达效果。

（2）海南地域元素对会展设计领域的长期影响

当今社会，设计对于会展行业的发展影响越来越深入，而重视并充分挖掘其自身的独特性优势成为会展设计领域寻求突破的唯一途径。海南作为我国一个独特岛屿，虽与内陆接触到的文化和信息有所不同，但相对独立的环境也形成了海南独特的不可比拟的地域优势与文化特性，这些与内陆文化元素相区别的海南特征就是海南会展设计人需要挖掘的内容。如果充分开发这种艺术文化形式的衍生与发展，必将带动海南会展设计领域的水平不断提高。同时，随着以海南地域元素为特征的设计理念不断融入，本土的会展设计将会有一番新的景象，形成具有海南特色的会展风格，这也就意味着海南会展设计体系将会被越来越多的优秀企业所选择。海南会展环境被认可与选择也将为推动海南会展经济的发展、海南国际旅游岛的建设发挥至关重要的作用。

（3）综合会所设计案例

如图 6-86 所示，屋顶的设计元素鲜明地取自黎族船型屋结构，在之前的别墅设计中已经多次运用，但在建筑正门左侧的顶部造型则运用了起伏更大的折叠结构，目的是降低大尺度实体建筑模块间的落差感，并且增加主体建筑不同侧面的美观性。建筑正面顶部造型的简洁小体量处理，与主入口顶部宽大造型的体量感形成了鲜明的对比，其他墙面与柱式、横梁等局部设计中均大量运用了黎族传统建筑装饰风格元素。值得注意的是，在建筑整体结构中既然已经运用了较为明显的黎族元素，那么在宽大墙面环境中即使运用黎族元素，也应本着简洁的原则，否则体量再大的建筑也会显得复杂。

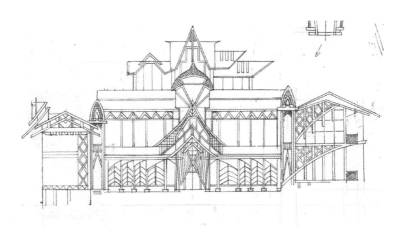

图6-86 建筑外观装饰设计（手绘）

如图 6-87 所示，是综合会所建筑的背侧面装饰设计效果，其中就将相对多的细节元素进行运用，目的也是与主入口的简洁形成对比，并且拉大两主立面间的差异，给予受众不同的感官效果，为传统元素设计下的建筑外观增添了视觉"色彩"。

图6-87 建筑外观装饰设计

如图 6-88—图 6-90 所示，这是一组项目综合会所建筑的外观装饰设计，是在没有建筑原始图纸的情况完成的，也就是说，对建筑装饰结构的设计多了很多发挥的空间，没有受到原始土建图纸的限制。从后三张的结构草图来看，很多细节的设计是在草图阶段勾勒的。

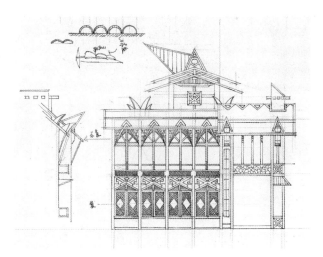

图6-88 建筑外观装饰设计（手绘）

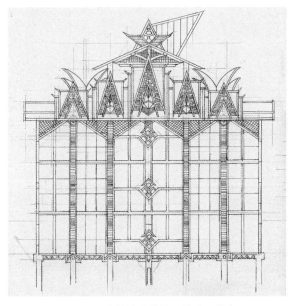

图6-89 建筑外观装饰设计（手绘）

图6-90　建筑外观设计方案

如图 6-91 和图 6-92 所示，两个大门设计均为项目主入口，两个方案相比较，前者具有较为浓郁的黎族建筑装饰风格特征，诸多细节都能传递出鲜明的符号元素，并且结构层次丰富，视觉冲击力较强，将平面二维的黎族元素转化为三维立体的结构造型。

图6-91　黎族风格大门设计

图6-92　黎族风格大门设计

在第二方案中，很多结构进行了整合，整体造型感改为宽大的主干结构，在降低传统元素数量的同时，增加了大门整体感的提升，也有助于项目统一形象的外宣，因此，往往当设计师从不同角度完成了设计成果后，作品的最终选择权成为甲方的独家特权。

3. 黎族传统民居在民族形象设计中的应用

国内有关南海诸岛地域性建筑外观形象与少数民族元素结合的研究具有相当面积的空白区域。如何别出心裁地将地区文化、环境、地域特征与建筑外形相结合，是设计师需要思考的问题。首先，要选择合适的地形建造建筑物；其次，要最大化地体现南海诸岛的文化内涵和地域元素，在这两点结合的前提下，介入设计的基础手法，体现充满地域风情的建筑物形象，让南海诸岛的建筑外观设计理念糅杂自然、妥帖的地域文化信息。同时，在建筑外观考量中加强与东南亚各国地域文化的区别，规划出具有我国南海特色的建筑形式。并且从建筑外观的设计中强调我国对于南海诸岛主权的唯一性，以此种可视化、三维立体化的方式推进我国少数民族的文化内涵，以隐喻的手法强调我国南海的主权。

（1）南海岛屿建筑

我国南部海域具有数量庞大的岛屿群。2012 年，海南省对于中沙群岛、南沙群岛和西沙群岛的原有管理方式撤销，取而代之的是三沙市行政区。这一座祖国位置最南端的城市拥有市级最大的市区面积（包括领海面积），因为其四面环海的特殊性，陆地面积最小。这是我国在设立地级市行政区历史上，除了舟山群岛，第二个以群岛设市的行政区。三沙市位于我国的南海，下辖三个群岛以及大量岛礁和海域。三沙市市政府坐落在西沙群岛的永兴岛。随着三沙市的建立，我国对于南海海域的管理逐渐完善，越来越多的新建建筑在这里拔地而起。笔者在对南海诸岛建筑外观形象的研究中发现，目前南海诸岛的建筑外观设计多偏向于彰显国家形象宣传，在保证基本使用功能的同时，还具有较大的提升空间，如加强地域特征、历史文脉等元素在建筑外观上的运用数量。

笔者通过对南海岛屿已经竣工的建筑物进行研究，发现了较多具有典型欧式建筑特点的建筑，甚至在三沙市政府机关部门的办公大楼也能看到。而现实中所存在的建筑物因为数量庞大、功能完备并且号称城市的缩影，其风格特征必将引领大众的认知导向，以潜移默化的方式植入人民的脑海里，所以边疆地区的建筑物有责任和义务承担起传播国家主权形象的重任。

倘若运用设计手法将地域文化植入建筑外观样式中，就必须探索出一套合理的设计方法论。设计的素材应是南海诸岛历史文化的一个延续，设计的主体应选择代表国家形象的行政部门或是当地政府机关大楼。以此种方式放大地域文化的传导作用，形成有秩序的传播模式。

反观历史，人们对于南海诸多岛屿建筑外形样式的研究上升到了国家主权形象的应用，其民族形象的设计研究包含了多个领域，例如国际关系传播、建筑与环境关系、乡土建筑研究等。历史上我国记录南海诸岛的文献相对匮乏，建筑类丛书更是少之又少，笔者通过多年收集，发现对本类研究有参考价值的文献主要有：《中国古代建筑史》《乡土建筑遗产保护》《乡土建筑:跨学科研究理论与方法》《当代中国建筑史家十书:钟晓青中国古代建筑史论文集》，这些文献都以自己独特的见解向我们讲述了地域元素在外观设计中的应用方法。

目前，国内学者对于维护国家主权的研究不在少数，以国际关系传播学和国家形象研究为主。对于南海的海事权、国土安全等问题的论述居多，并从战略层面和政治角度研究国家形象,很少从艺术设计学的角度进行分析。值得一提的是,"辽南海岛民居气候适应性研究——以大连市獐子岛为例"一文首次考虑了气候条件对于建筑的影响,以岛屿的气候环境为载体探究其与獐子岛内建筑外观形象的交叉点。

到目前为止,国外在这方面多以劳伦斯·J.韦尔(Lawrence J. Vale)所进行的研究为基础。他认为建筑环境反映了一个国家的实力和民族认同感,并且是多种要素中核心的一环,同时认为一个城市的建设、建筑的布局规划是为它所在政府服务的。政府在城市中通常起核心作用,所以无论是政府人员还是城市规划者都希望能将自己的政治观念融入城市规划之中,并想通过建造一些标志性建筑辅助说明自己的政见。另一位作家克里斯蒂娜·M.E.古思(Christine M.E.Guth)在研究19世纪中期到20世纪末的日本建筑风格时发现,这个时期的政府也希望通过建筑的风格设计体现自己的地位,巩固政府的统治,并在此基础上改造人民的审美观点。然而,这些研究多集中于早期对城市建筑的研究,对现代建筑的设计风格并无太多借鉴作用。

综上所述,到目前为止我们还只能简单地将南海岛屿的建筑设计应用于国家主权形象之中,在两者的结合上还有很大的发展空间。南海作为国家领海、领土的一部分,对该地区的建筑设计不能只停留在地势、土壤受力情况的分析上,其上层建筑的建设同样也是该地区建筑发展的重要历史资料。

①南海岛屿建筑设计与环境

由于独特的气候条件,南海岛屿形成了独特的建筑设计风格。一个好的建筑,其基础是要适应所在地域的环境,其中不可忽略的便是当地少数民族的建筑特色和民俗文化。长居于此的少数民族为了适应热带、亚热带气候,创造了多样性的建筑形式,丰富的建筑形式验证了他们在这些岛屿上的生活印记,这些原住民强有力地证明了我国对于南海岛屿的主权。因为中国南海岛屿上的少数民族建筑具有相当强的环境适应性,所以应当成为宣示国家主权的载体和南海岛屿建设设计所遵循的模板,特别是若能善加利用建筑所表现的地域特征,必能成为一种趋势应用于南海岛屿的建筑外观之中。

此外,南海各个岛屿的建材都可以得到大自然的馈赠。南海诸岛作为海南省下辖的地域,具备热带地区所有的自然资源。这类自然资源在热带生长,均具有耐腐蚀、防潮湿等优良的环境适应性。并且这类资源以其独特的外部造型成为具有典型海岛特色的建筑外观元素，对于南海岛屿建筑本土化特征有着不可小觑的装饰作用。这类唾手可得的自然资源与海南岛的历史文化一脉相承，进而对国家民族的主权形象进行宣誓。

②岛屿建筑设计与民族

我国南部地区处于热带和亚热带气候交界处，拥有独一无二的气候环境特征。尤其是南海诸岛，其湿热温润的气候条件孕育出了明显异于中原内陆的地域特色。黎族作为南海岛屿的原住民，是岛上最主要的少数民族。黎族的族源文化追溯到远古的石器时代，千百年的发展使得黎族形成了独具特色的少数民族民居和地域语言极强的民俗文化。将民族形象、地域特色作为灵感来源，能更大程度地隐喻我国对于南海这个特殊区域国家主权的宣誓。换句话说，就是将南海岛屿气候环境特征和民族特色文化作为创新点，以国家主权形象特征为基础，多方位思考有机结合的模式。只有这样才能更为准确且合理地向媒体、群众和周边各国传递国家主权信息。

（2）相关性研究的主要问题与方法

①相关性的主要问题

a.南海岛屿环境中的建筑外观设计所受的地域性条件限制与影响研究。南海诸岛因地处我国南部，与渤海、东海等岛屿气候差异明显。这些岛屿建筑外观设计的建材选用成了值得探讨的问题，尤其在材料质感、体量、营造工艺是否与气候环境相协调方面。南海岛屿数量众多，且并非一成不变，加之岛屿之间纬度的差异、海平面随时变化的气压，使得我们不可能对所有南海岛屿一概而论。应对潮汐、土壤、降水等问题进行对比研究，研发适应本土的装饰材料。与此同时设计工作者对其美学进行把关，在保证质量的情况下最大限度地提升审美标准，将建筑材料转化为主权形象宣示的重要组成部分。

b.南海岛屿环境下的建筑外观设计与所处的地域环境特色元素的结合性研究。南海岛屿占据着独特的地理位置，具有鲜明的地域特征。黎族作为海南岛本土唯一的少数民族，在南海也有少量分布。黎族传统民居的特征和装饰性元素极具特色，造型语言丰富，民居特色在海南省独树一帜。将海南省黎族的传统民居作为设计元素，提取其中的建筑装饰细节和带有符号特征的建筑配属设施，在南海岛屿建筑外观设计中加以运用，就越发彰显我国少数民族的特点，强调国家主权。黎族带有符号特征的设施不在少数,例如最有代表性的大力神纹和甘工鸟纹。

这类纹饰本身就因其创造年代的久远而导致精度不高，具有强烈的概括性和简洁美，稍加艺术修饰，就能得到既现代又充满黎族风情的装饰符号。值得一提的是，因为符号的高度抽象，二维平面转换为三维立体的过程十分便捷，可以得到丰富的建筑外观设计灵感来源，同时也是地域性特色的闪光点。这种方式明显区别于我国与邻国的地域建筑。

c.国家主权形象在南海岛屿建筑外观设计中的应用方法研究。目前，鉴于国际关系复杂，多方面加强我国主权形象的宣示有着相当的必要性。笔者对黎族船型屋长达10年的调研发现，船型屋在外形特征、历史文化、体量大小、建筑装饰等方面极具地方特色，既有2—3米的高脚船型屋，又有1.5—2米的落地式船型屋。屋顶呈拱形倒扣在房梁上，如同一艘船的船底。船型屋的使用年代久远，选用的建材为自然材料，例如葵叶、黄泥、红白藤、竹条等。因为没有榫卯技术和现代焊接技术，就通过简单的搭建和编织造出兼具美学和实用性的民居样式。若将此设计思想和营造技艺运用于现代外观建筑，必然能够最大化地呈现海南岛建筑与其他地区建筑外观的差异性。成为矗立在我国南部沿海、有力佐证我国南海诸岛归属权的地标性建筑。

国家主权形象在地域性环境下与建筑外观设计的结合方法研究。将研究的三个主要环节 [a.南海诸岛独特的气候环境（气温、湿度、潮汐）；b.南海岛屿地域特征（包括地形、地势）；c.海南少数民族的传统民居（黎族的船型屋）]。与我国南部沿海的主权形象进行有机结合，形成可行性较高的设计方法论和应用方案。

②研究重点

综上所述，如果将国家主权形象以建筑风格的新形式体现出来，一定要对以下几个问题进行深入探究：

a.归纳收集南海诸岛的地形地貌特征，根据不同的岛屿分门别类地记录气候以及主要植被，以此确定建筑装饰材料的选用。因为岛屿纬度不同，所以要对每个岛屿所在地的实际情况进行考察研究，并详细记录每个岛屿现存建筑的情况。因为气候的不同，建材的选用不得不考虑海风、潮汐、降雨量等因素，要大力挖掘非人工或是人工仿制材料，以适应多变的气候环境和建筑外观的美学要求。

b.完整地记录黎族在南海海域的分布情况及其传统民居，运用比对研究的方法探索海南岛黎族与南海诸岛黎族的异同点，归纳出南海诸岛具有代表性的建筑装饰特征，将这些特征与设计理论相结合，共同推进设计方案的绘制。在这些工作进行时，对于随时出现的效果不佳、违背建筑结构等问题，应及时与设计图同步修改，以达到预期设计效果与目标。

c.加深对于国家主权形象表现手法在纵向上的研究，特别是针对国家主权形象与南海诸岛建筑外观设计结合点的设计方法论研究。核心在于二者的结合手法，通过设计语言进行图纸绘制，然后通过三维制图技术进行初步的设计效果绘制，最后与行业内具有权威性的研究者共同探究，不断改善初期效果，对于建筑形象不断推敲，最终呈现出具有强烈地域性特色、凸显祖国主权形象的建筑外观。

d.将南海诸岛的聚落环境、少数民族传统民居装饰元素、国家主权形象三位一体地考虑，结合建筑外观设计得出能够合理、准确、明确象征国家主权形象，并且具有强烈南海少数民族风格的设计方法论和设计方案，进而将以上研究工作进行整合，作为建筑外观设计最终的指南。

（3）现实意义与远景价值

我国南海诸岛的建筑外观装饰设计应当以常驻于此的少数民族为根基，中国少数民族装饰风格与国家形象的宣扬是一脉相承的，甚至在某种意义上成正比。建筑作为一个城市的缩影，城市对于建筑的把握就是对自己立体化形象的把握，建筑外观装饰在很大程度上成为国家主权的形象代表。面对复杂的国际局势，更加适应和平年代的解决方式就是加强自我优良文化对于国家主权隐喻的强调。

通过落实南海岛屿建筑外观装饰风格的雕琢，达到加强我国对于南海主权宣示的目的。所谓雕琢，就是需要用艺术的眼光分析南海岛屿的外观设计，艺术离不开民间文化，黎族的传统建筑来源于土地，根植于土地。以此为切入点进行提炼分析，合理并且恰如其分地将黎族装饰元素加以运用，通过地域性建筑装饰特点，将建筑外观与国家主权形象融合为一体。

从建筑外观形象入手宣传南海岛屿的主权，不仅符合我国沉稳、理智的外交风格和冷静、包容的大国风范，同时也达到了以南海岛屿建筑风格特征间接证明南海岛屿归属的目的。建筑是可视的音乐，也是可视的国家形象代言，通过建筑设计彰显国家主权的案例在国外并不少见。如果这种宣示国家主权的设计能够达到一定的效果，则可以将这种构思应用于我国大部分陆路和海域边界，通过设计风格强化国与国之间民族风格的差异，从而消除区域性冲突，强化国家主权形象。

总结

海南黎族地域风格在轻钢结构的建筑形式中具有较大的应用空间，而海南本土的地域特点正在逐步适应这种建筑结构。无论是海南自身的发展还是国际旅游岛的构建，都离不开对海南黎族地域风格的研习与运用。从运用的角度出发，研究的载体是合理的建筑形式与结构，那么在实践中对于"黎族地域装饰风格的提炼与建筑外观结构的利用"就成为运用过程中最关键的两个环节。对于海南的设计从业者来说，如何将本土高校的科研与教学成果转化为拉动海南国际旅游岛建筑品位提升的强效动力，应该作为自身最大的责任与义务去思考和谋划。《礼记·中庸》说："凡事预则立，不预则废。"对于设计工作来说，也是最好的诠释，对于身边唾手可得的地域性民族装饰风格，更要将设计的敏感度与应用性相结合，一种地域性建筑外观设计风格的形成与发展需要一个适度的周期，这个周期的长短则取决于设计构思与实践运用不断尝试的过程。敏锐的洞察力和运用能力，外加持续不断的探索，势必成为黎族地域风格在建筑外观设计中顺利运用的最大保障。